高等职业技术院校机电一体化技术专业任务驱动型教材

机械制图与 AutoCAD 绘图习题册

中国劳动社会保障出版社

简　介

本习题册是高等职业技术院校机电一体化技术专业任务驱动型教材《机械制图与 AutoCAD 绘图》的配套用书。本习题册紧扣教学要求，按照教材模块顺序编排，知识点分布均衡，题型丰富多样，难易配置适当，有助于学生复习巩固所学知识。

本习题册由王运峰主编，骆洁副主编，耿爱存、张中海参加编写。

图书在版编目(CIP)数据

机械制图与 AutoCAD 绘图习题册/王运峰主编. —北京：中国劳动社会保障出版社，2012

高等职业技术院校机电一体化技术专业任务驱动型教材

ISBN 978-7-5045-9920-9

Ⅰ.①机…　Ⅱ.①王…　Ⅲ.①机械制图-计算机制图-AutoCAD 软件-高等职业教育-习题集　Ⅳ.①TH126-44

中国版本图书馆 CIP 数据核字(2012)第 226540 号

中国劳动社会保障出版社出版发行

（北京市惠新东街 1 号　邮政编码：100029）

出 版 人：张梦欣

*

北京市科星印刷有限责任公司印刷装订　　新华书店经销

787 毫米 ×1092 毫米　16 开本　10.75 印张　129 千字

2013 年 1 月第 1 版　　2024 年 12 月第 13 次印刷

定价：20.00 元

营销中心电话：400-606-6496

出版社网址：http://www.class.com.cn

http://jg.class.com.cn

目　录

模块一　图板制图基本技能

1—1—1　字体练习（1）

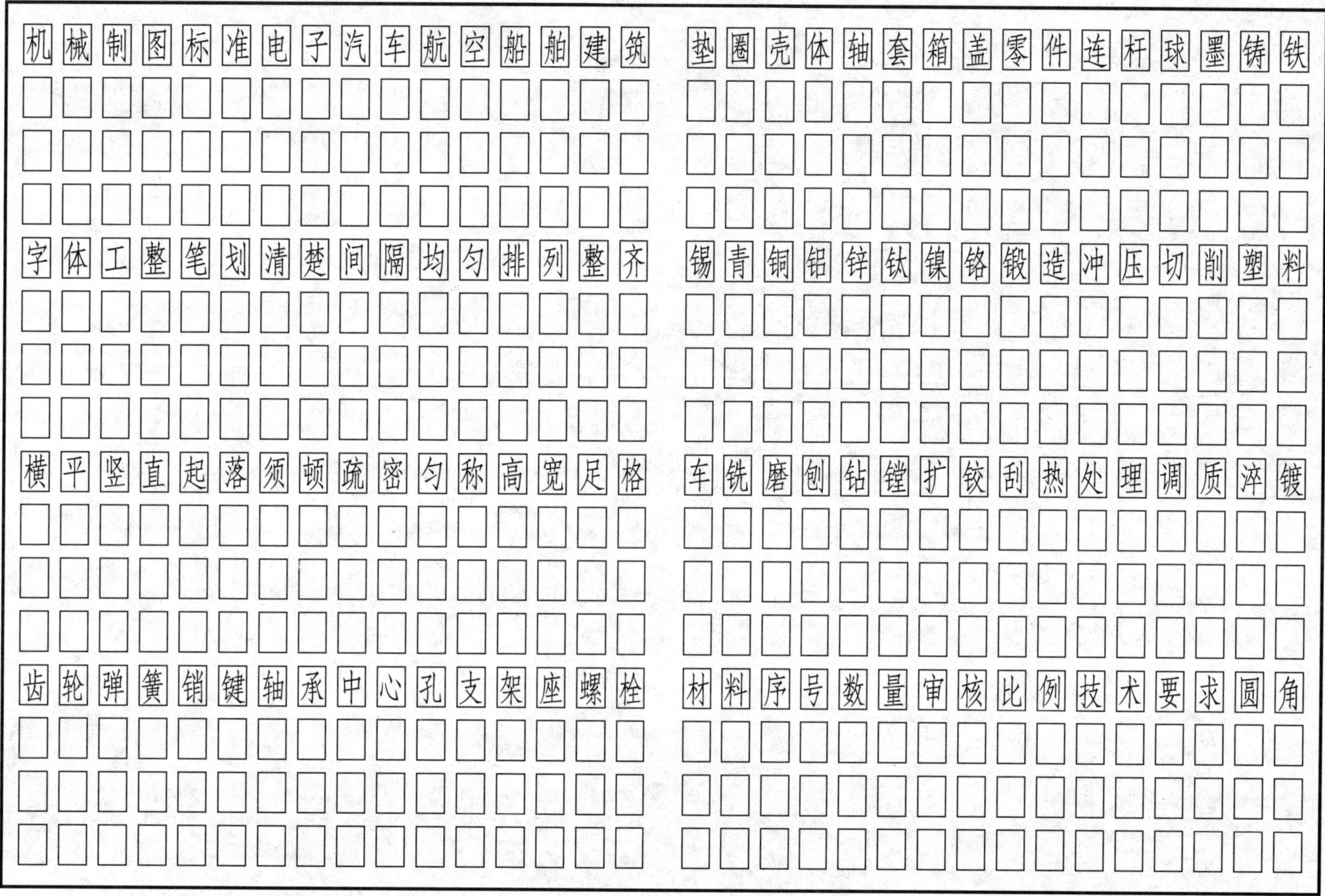

班级　　　姓名　　　学号

1—1—2　字体练习（2）

1234567890 1234567890 1234567890

1234567890 1234567890 1234567890

abcdefghijklmnopqrstuvwxyz αβγδπϑλ

ABCDEFGHIJKLMNOPQRSTUVWXYZ I II III

班级　　　　姓名　　　　学号

1—1—3　抄画图形（1）

1. 抄画线条。

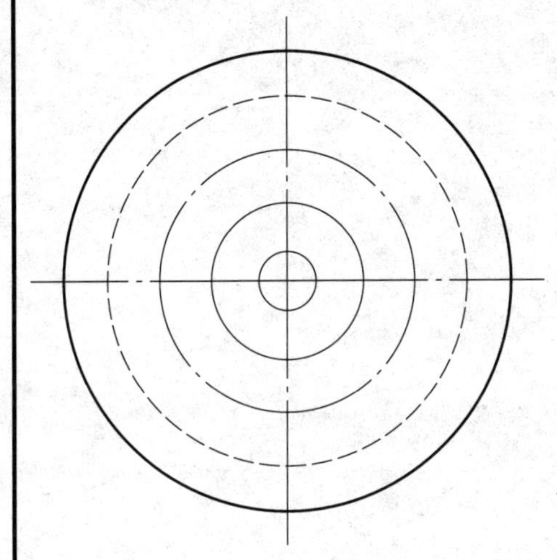

2. 在下方抄画图形。

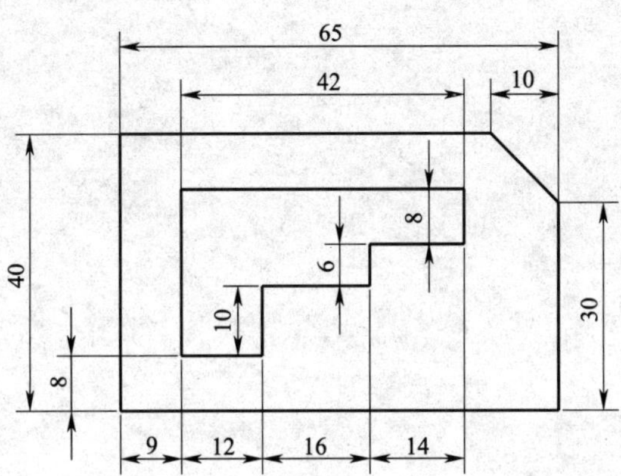

1—1—4 抄画图形（2）

1. 在下方抄画图形。

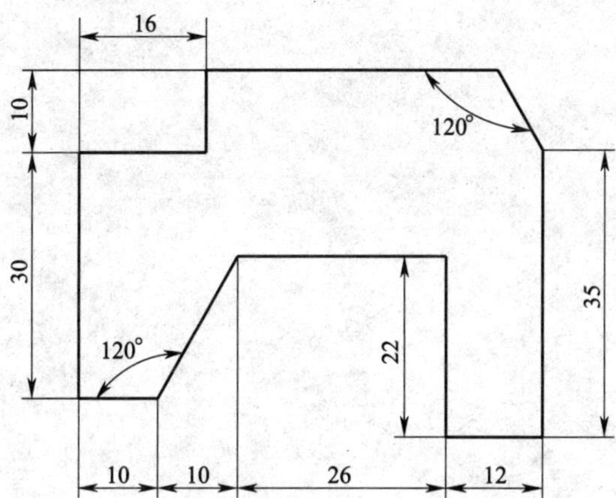

2. 在下方抄画图形。

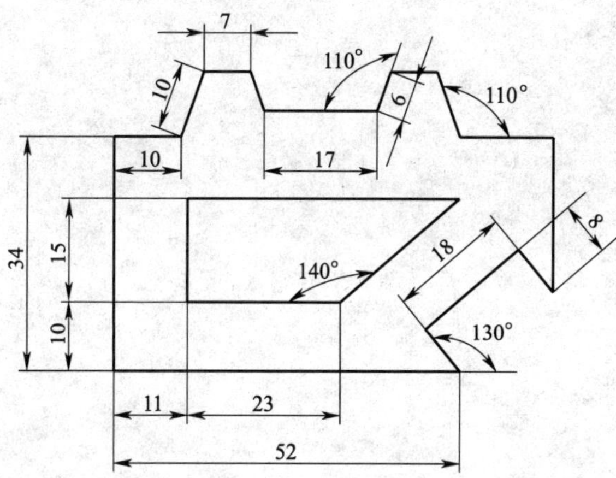

1—1—5　尺寸标注练习（数值从图中量取，取整数）

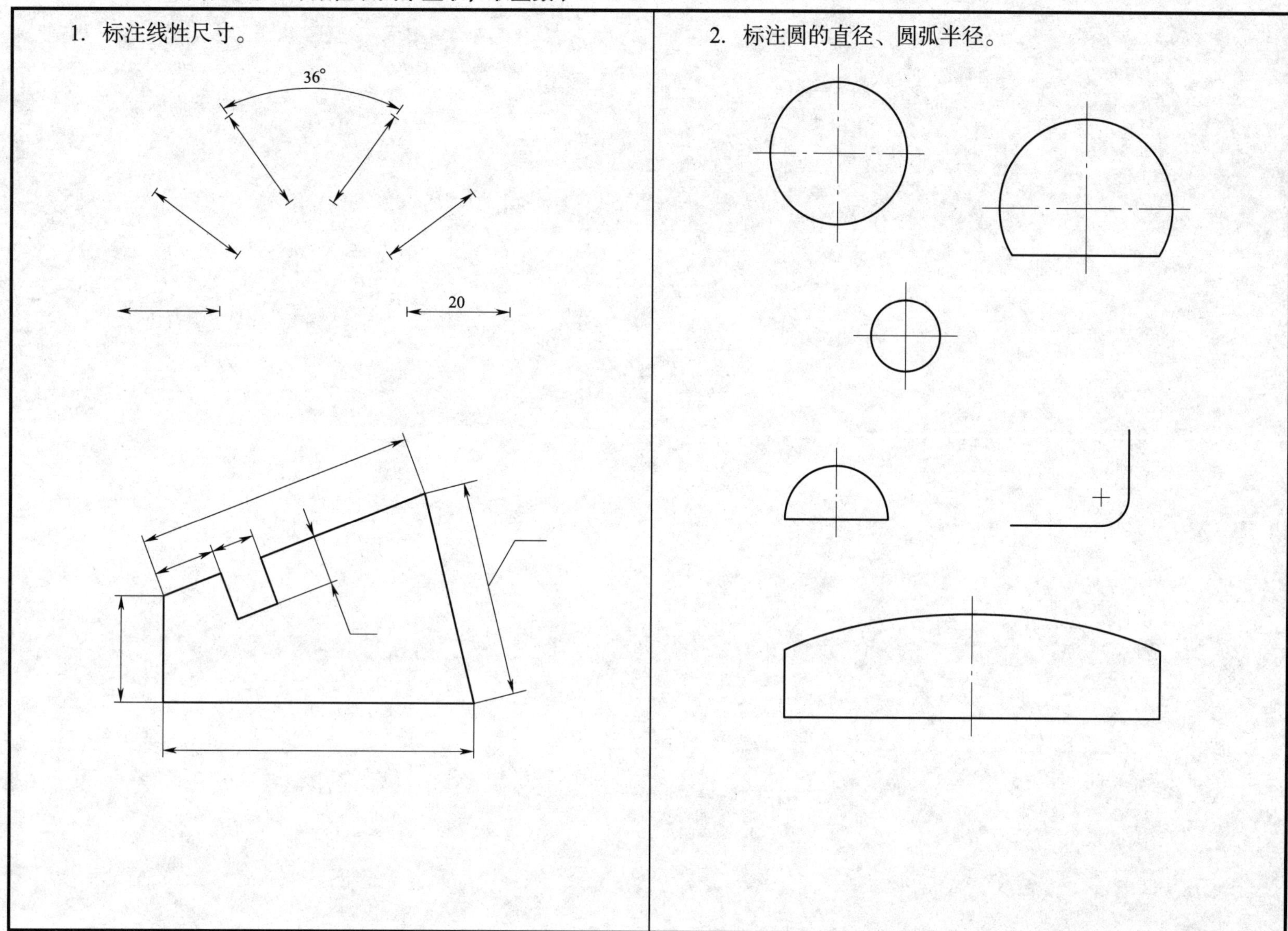

班级　　　　姓名　　　　学号

1—1—6　参照图例用给定的尺寸作圆弧连接（标出切点，保留作图线）

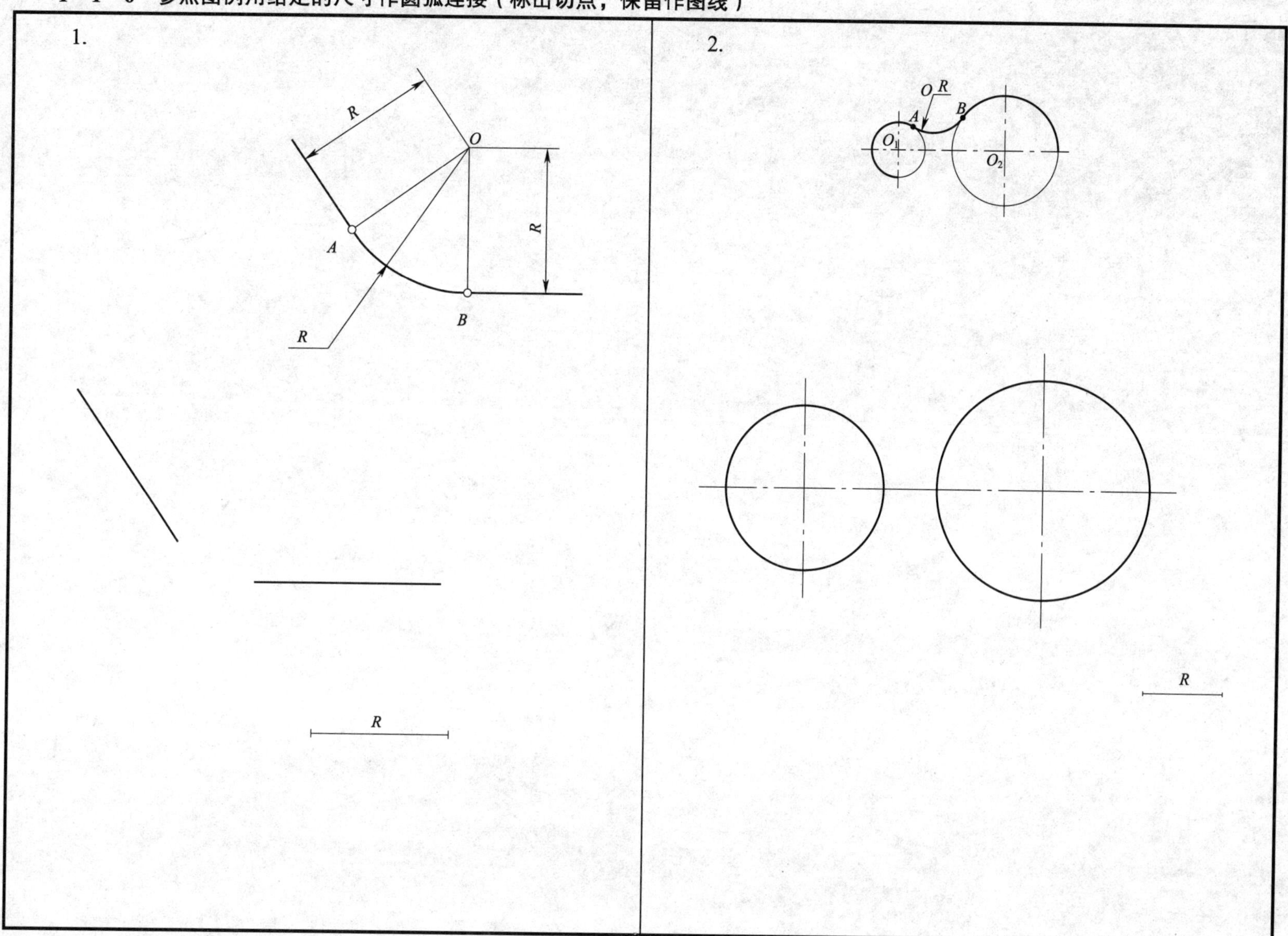

1—1—7　在下方抄画图形

1.

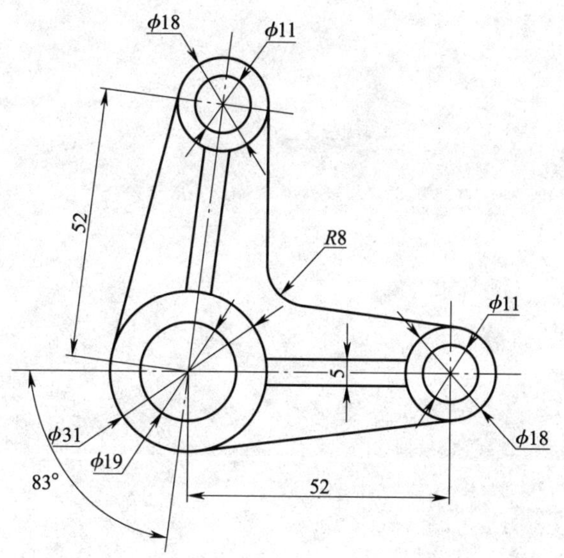

2.

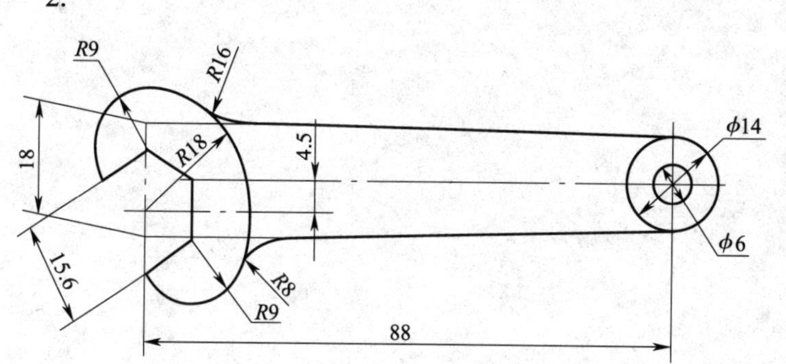

1—1—8　基本作图练习

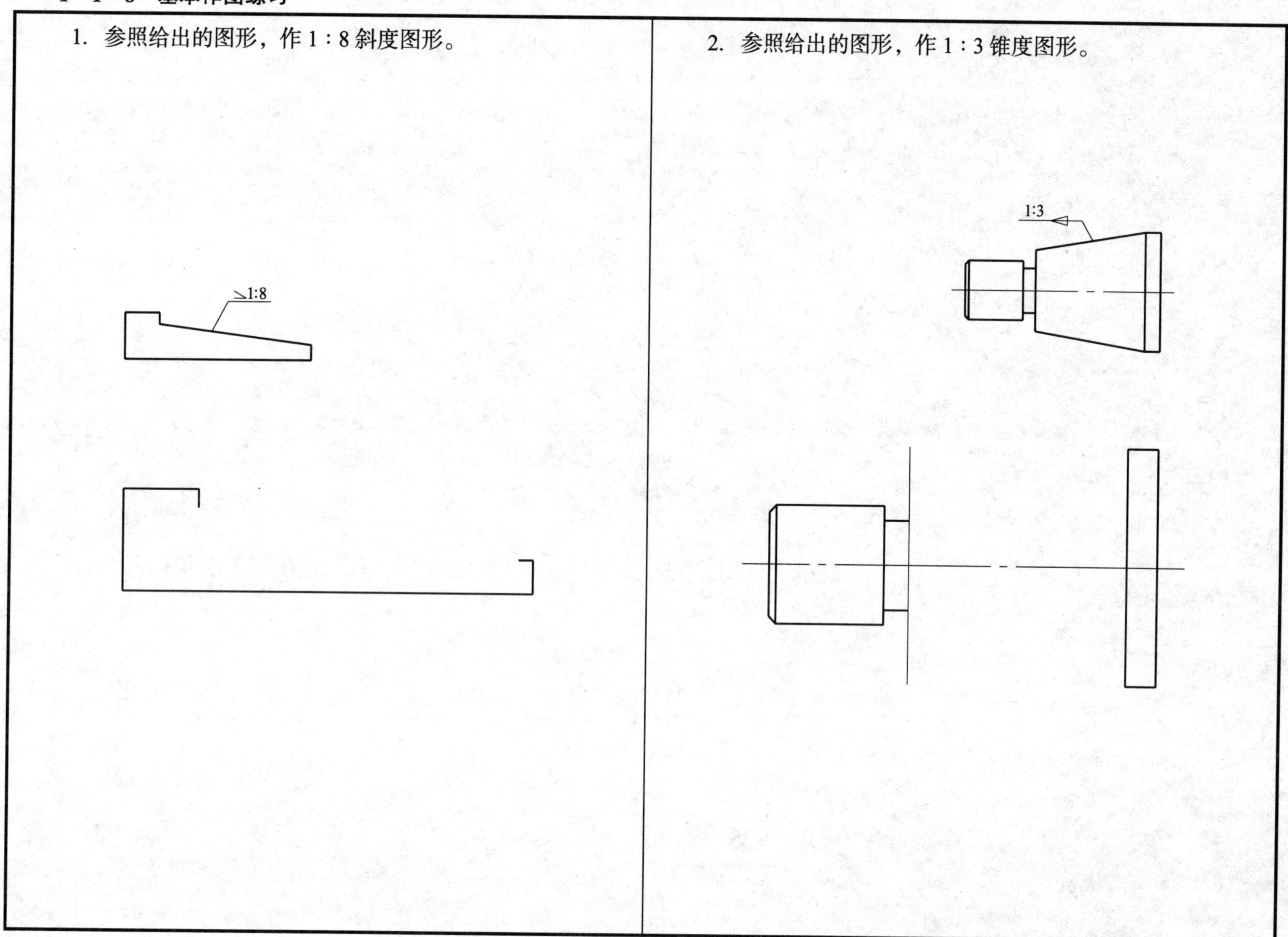

1. 参照给出的图形，作 1∶8 斜度图形。

2. 参照给出的图形，作 1∶3 锥度图形。

1—2—1　复杂平面图形绘图练习

1. 参照给出的图形，用 1∶2 比例在下方绘制图形，并标注尺寸。

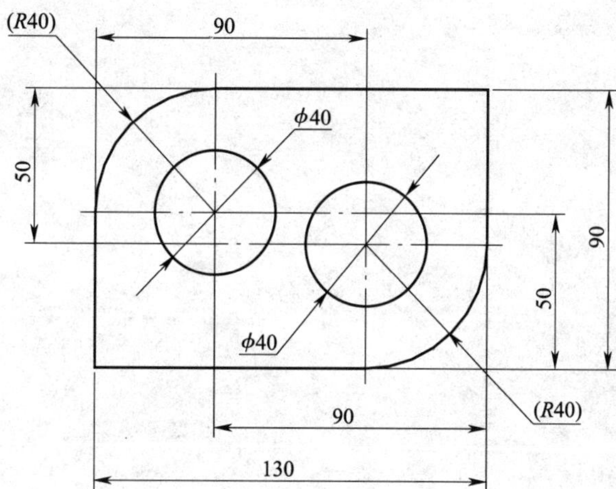

2. 用 A4 图纸按 1∶1 比例，抄画挂轮架零件图，并标注尺寸。

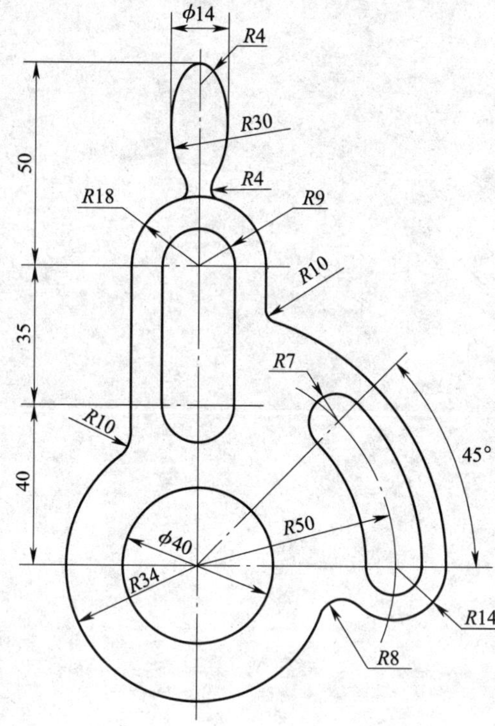

模块二　AutoCAD 制图基本技能

2—1—1　在 AutoCAD 中按下列要求建立 A3 图样的样板文件，并保存

1. 图层要求。

图层名称	颜色（颜色号）	线型	用途	线宽（mm）	线型名称
0	白（黑）	实线	粗实线	0.5	CONTINUOUS
1	红	实线	细实线	0.25	CONTINUOUS
2	洋红	虚线	虚线	0.25	DASHED
3	紫	点画线	中心线	0.25	CENTER
4	蓝	实线	尺寸标注	0.25	CONTINUOUS
5	蓝	实线	文字	0.25	CONTINUOUS

2. 图纸幅面尺寸及标题栏尺寸要求。

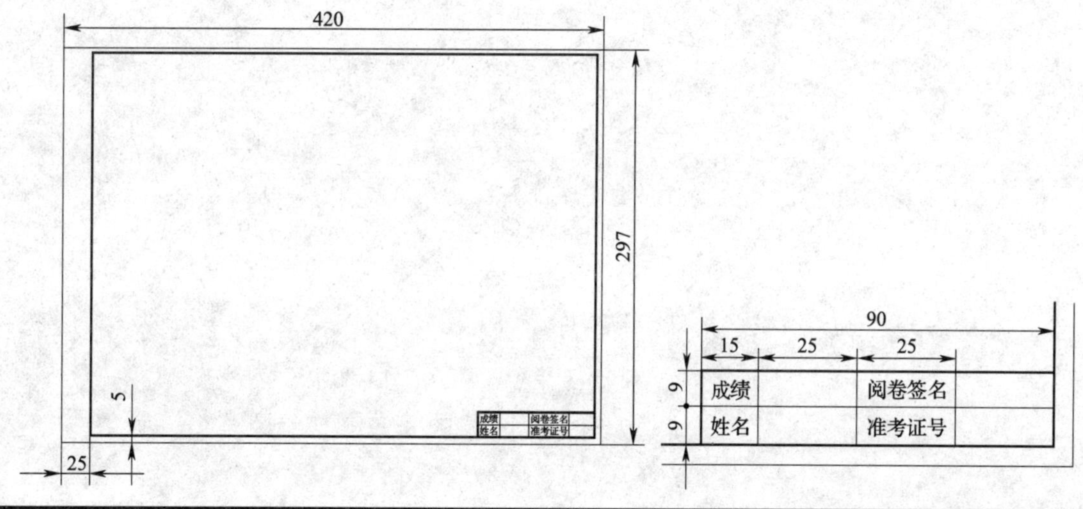

2—2—1　使用直线、矩形、圆、复制、镜像、修剪等命令绘制下列图形，要求符合制图国家标准的有关规定

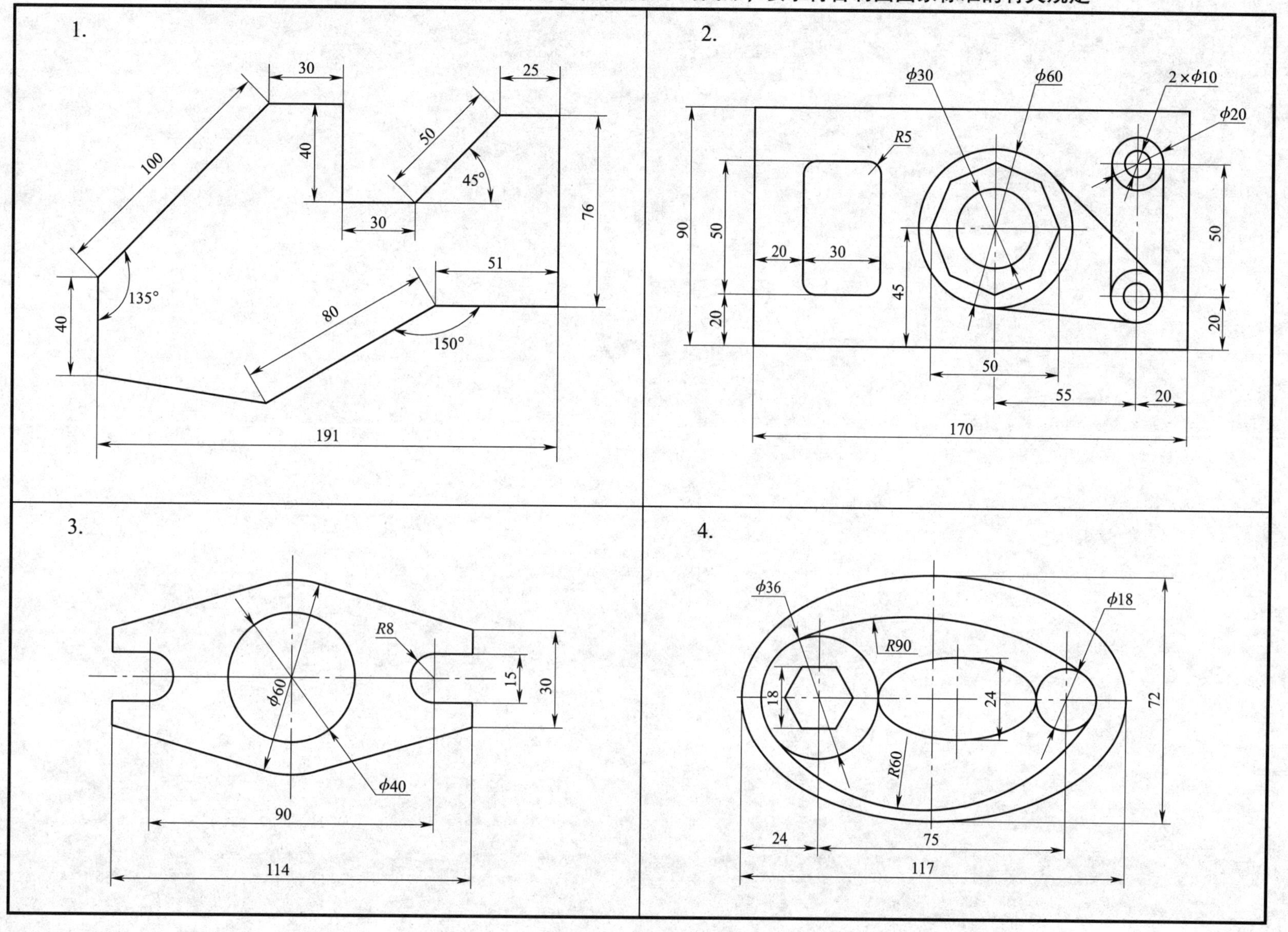

2—3—1　使用直线、圆、阵列、镜像、旋转、圆角等命令绘制下列图形，要求符合制图国家标准的有关规定

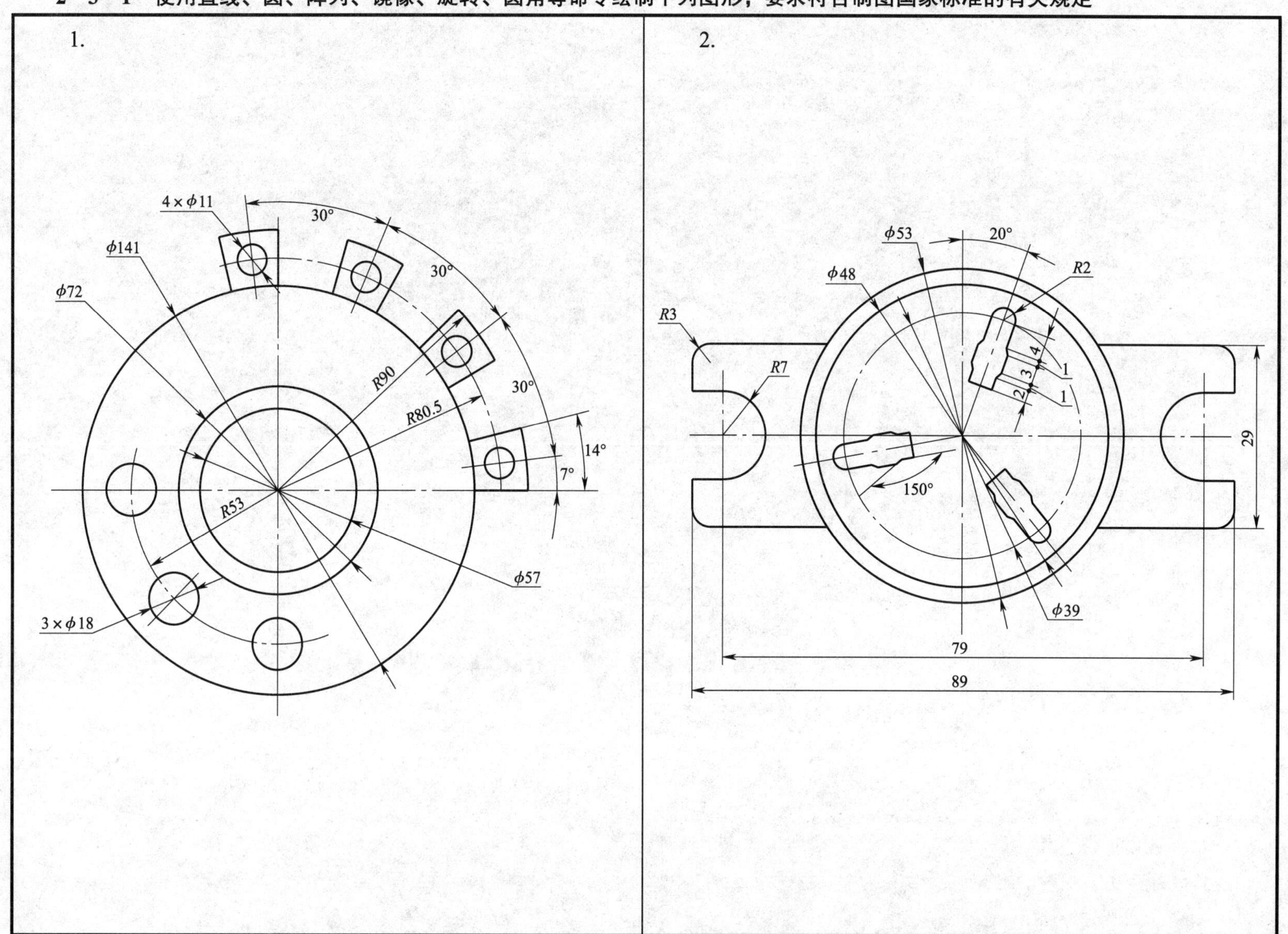

2—3—2 使用临时追踪点、镜像、偏移等命令绘制下列图形，要求符合制图国家标准的有关规定

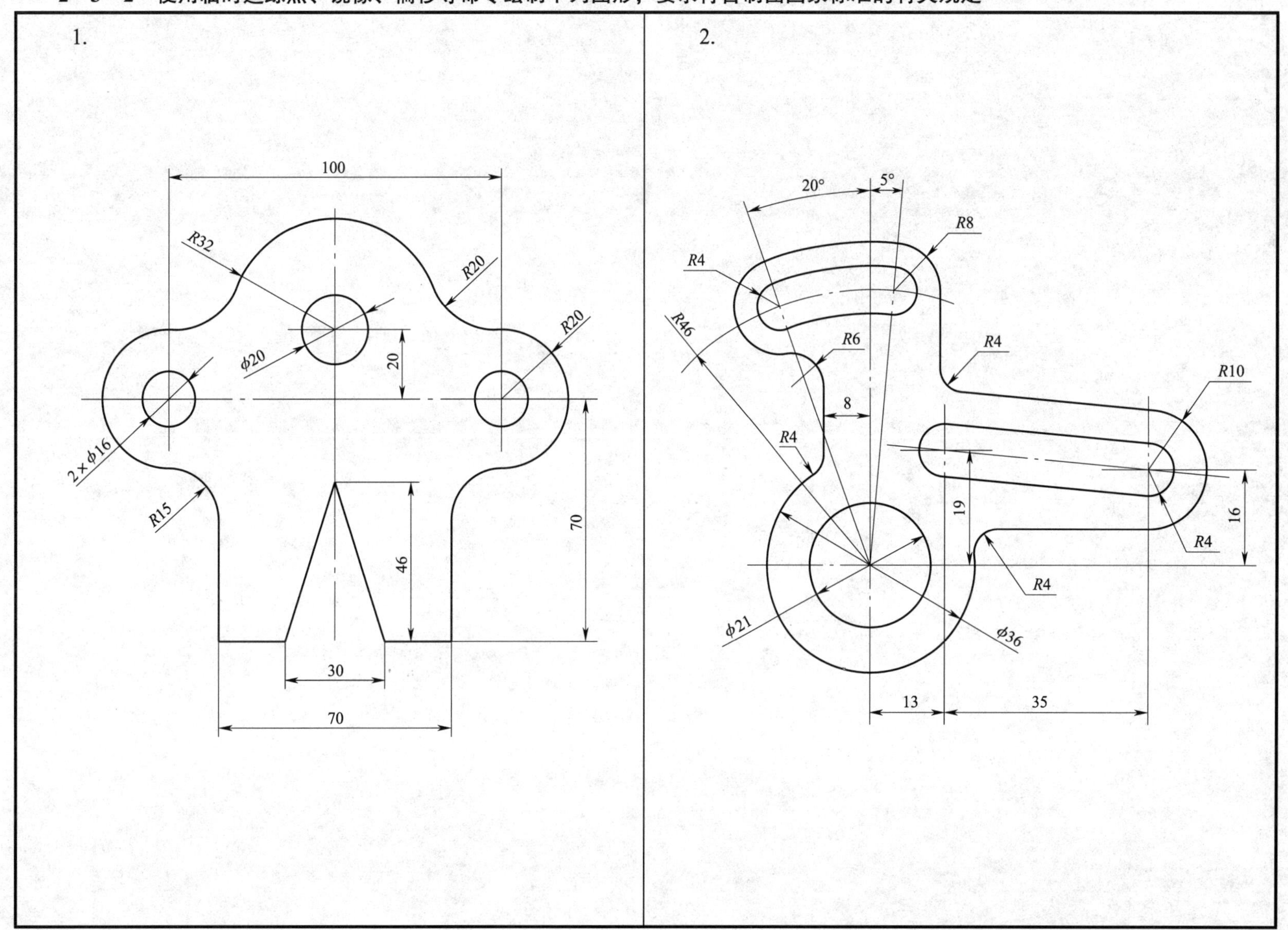

模块三　正投影法基本原理及基本体三视图

3—1—1　分析物体上各面与投影面的位置关系，找出其投影并在图上标注，判断其特性并填空

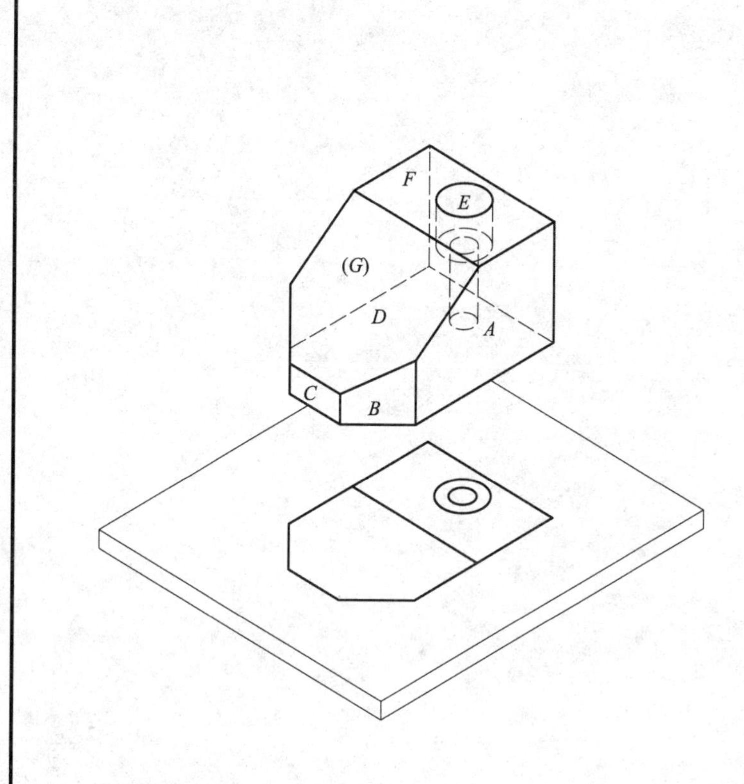

A 面与投影面__________，具有__________性；

B 面与投影面__________，具有__________性；

C 面与投影面__________，具有__________性；

D 面与投影面__________，具有__________性；

E 面与投影面__________，具有__________性；

F 面与投影面__________，具有__________性；

G 面与投影面__________，具有__________性。

（提示：第一个空格填写“平行”“垂直”或“倾斜”，第二个空格填写“真实”“积聚”或“类似”。）

3—1—2　参照立体图，在三视图中填写相应尺寸数值

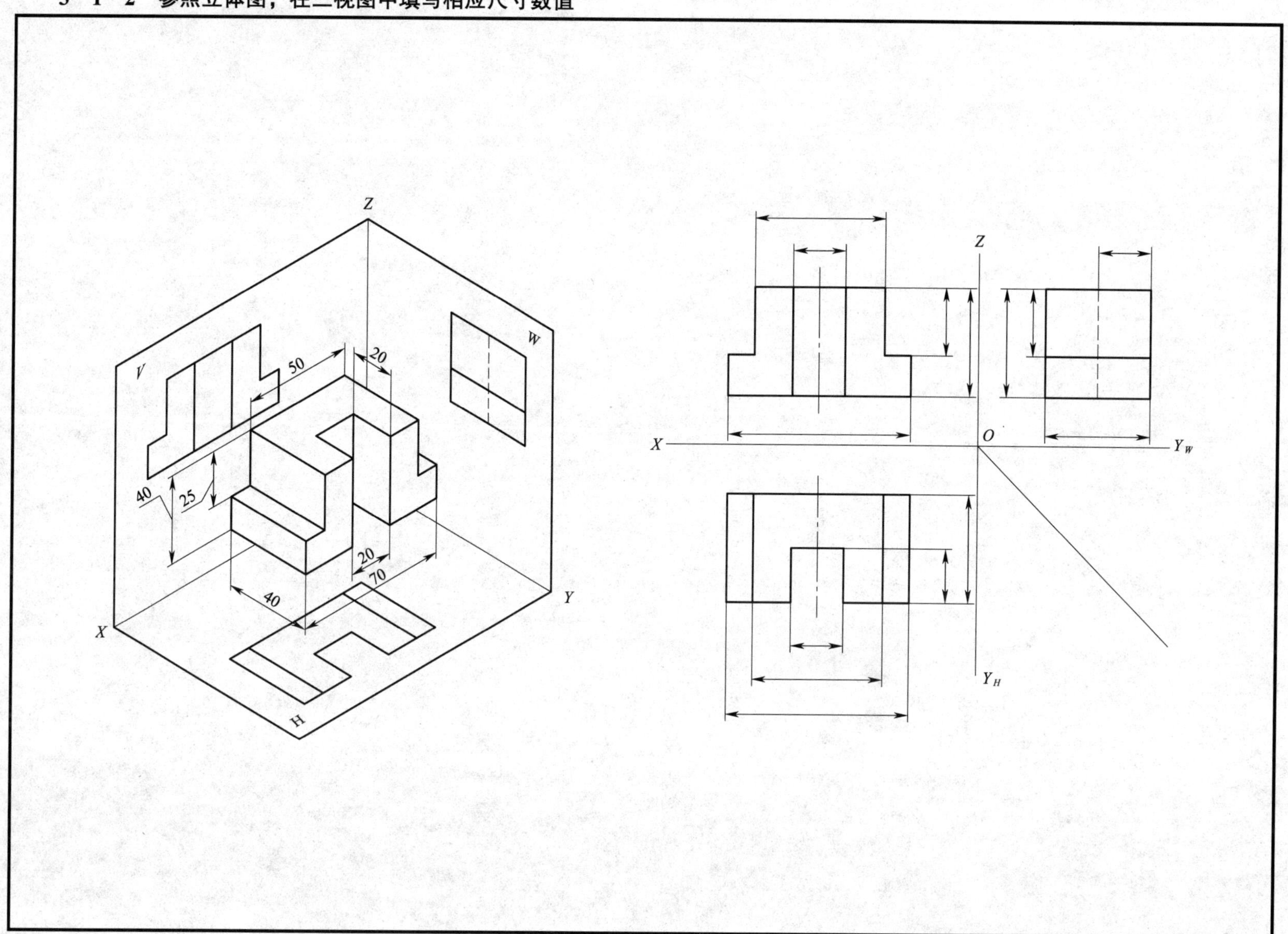

3—1—3　参照立体图，在三视图中填写物体的方位（“上”“下”“前”“后”“左”“右”）

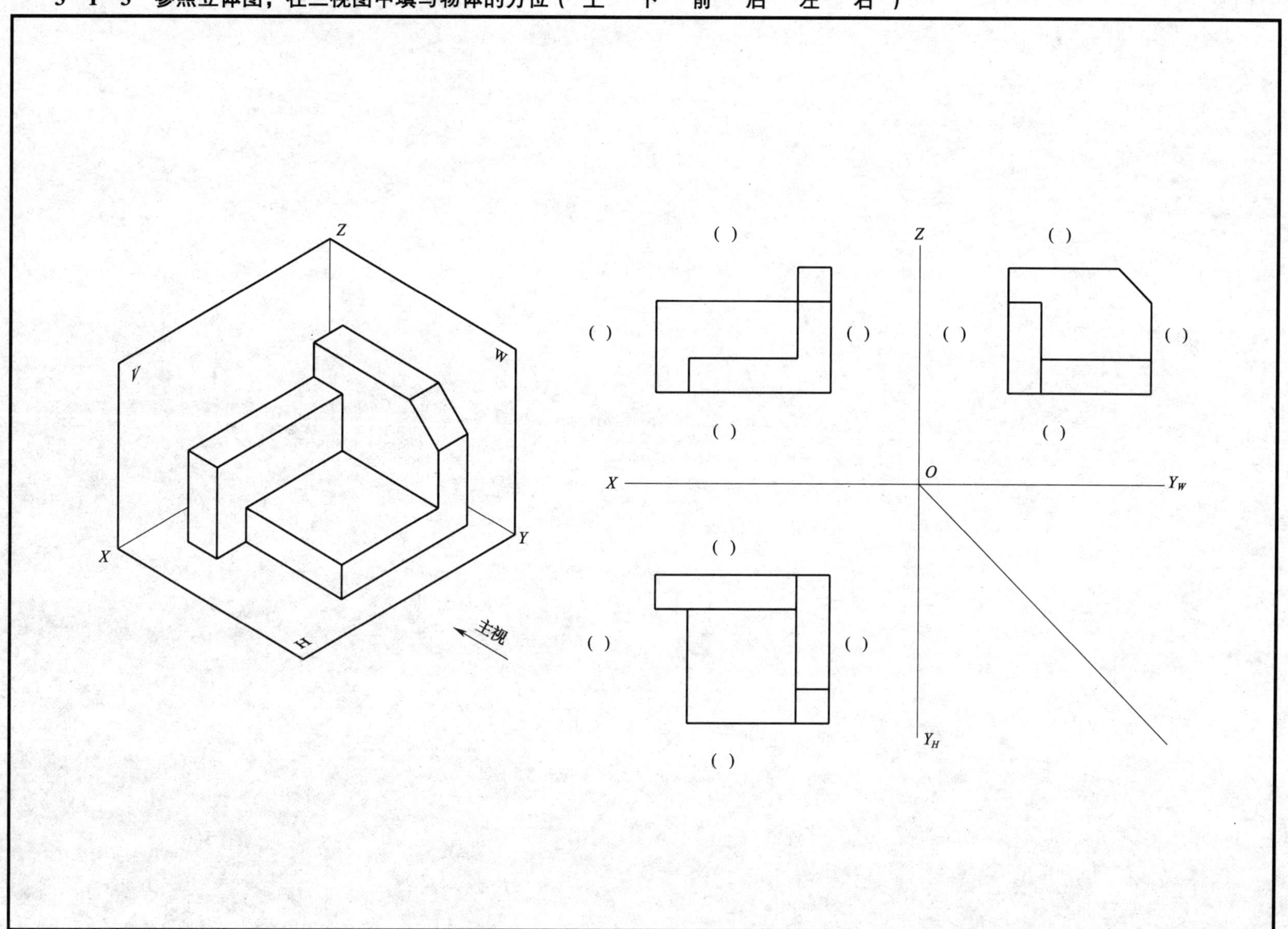

3—1—4　根据立体图找出对应的三视图，在括号内填写对应的序号，并在立体图上找出主视图的投射方向，标上“主视”二字

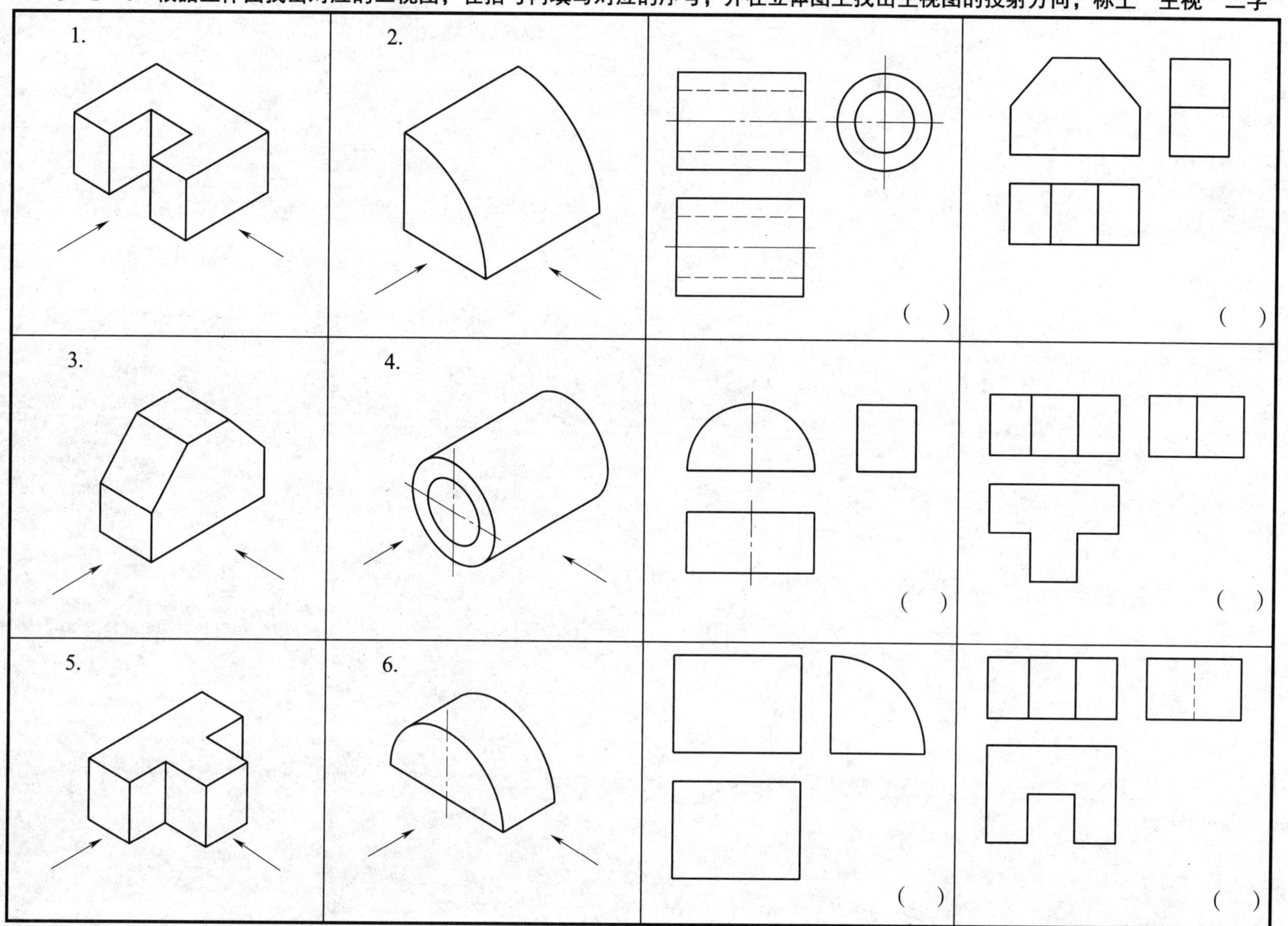

3—1—5　参照立体图，补全三视图

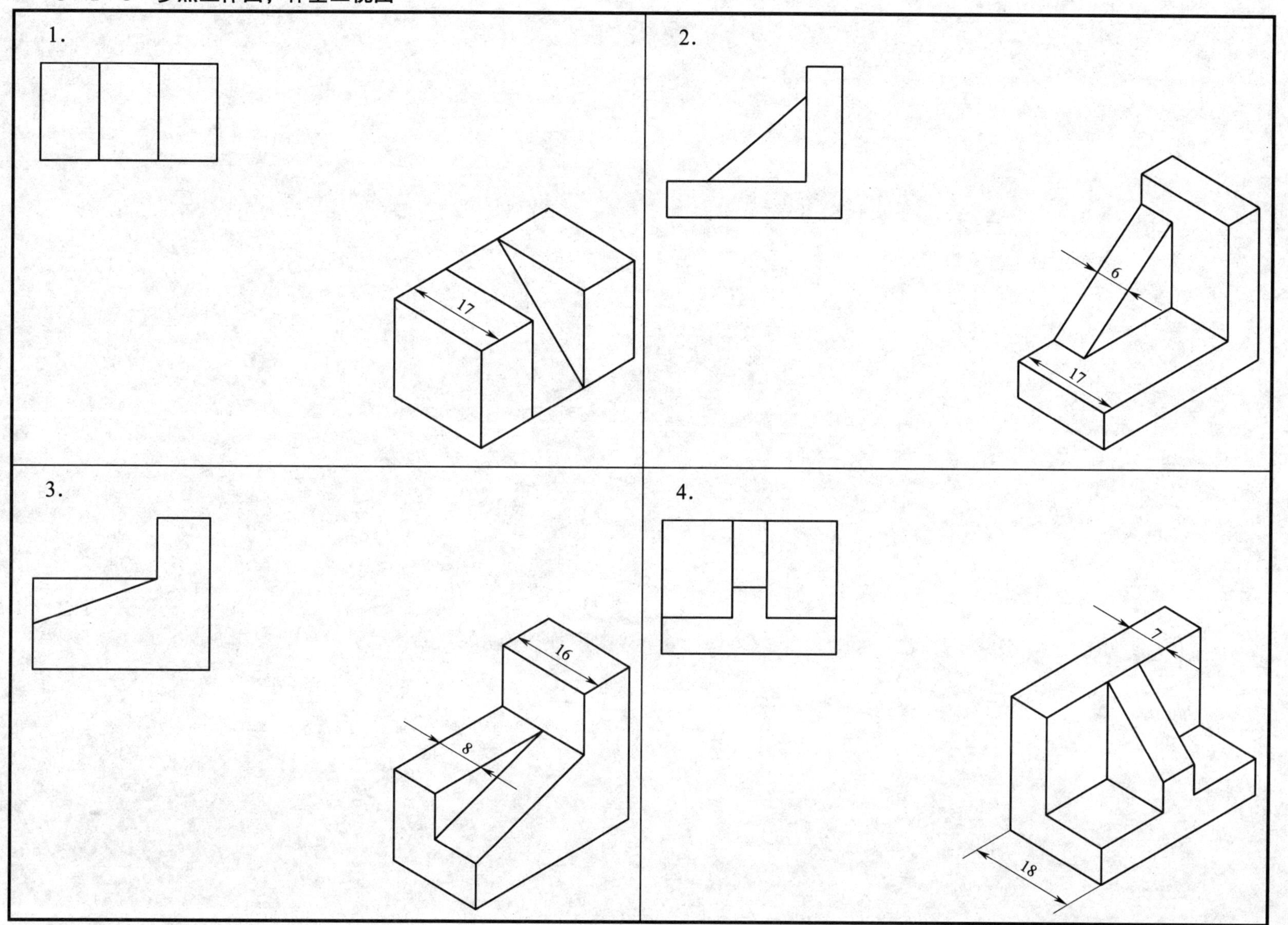

3—1—6　参照点 A、B、C 的立体图，作出点的三面投影（坐标值在立体图中量取，取整数），并填空

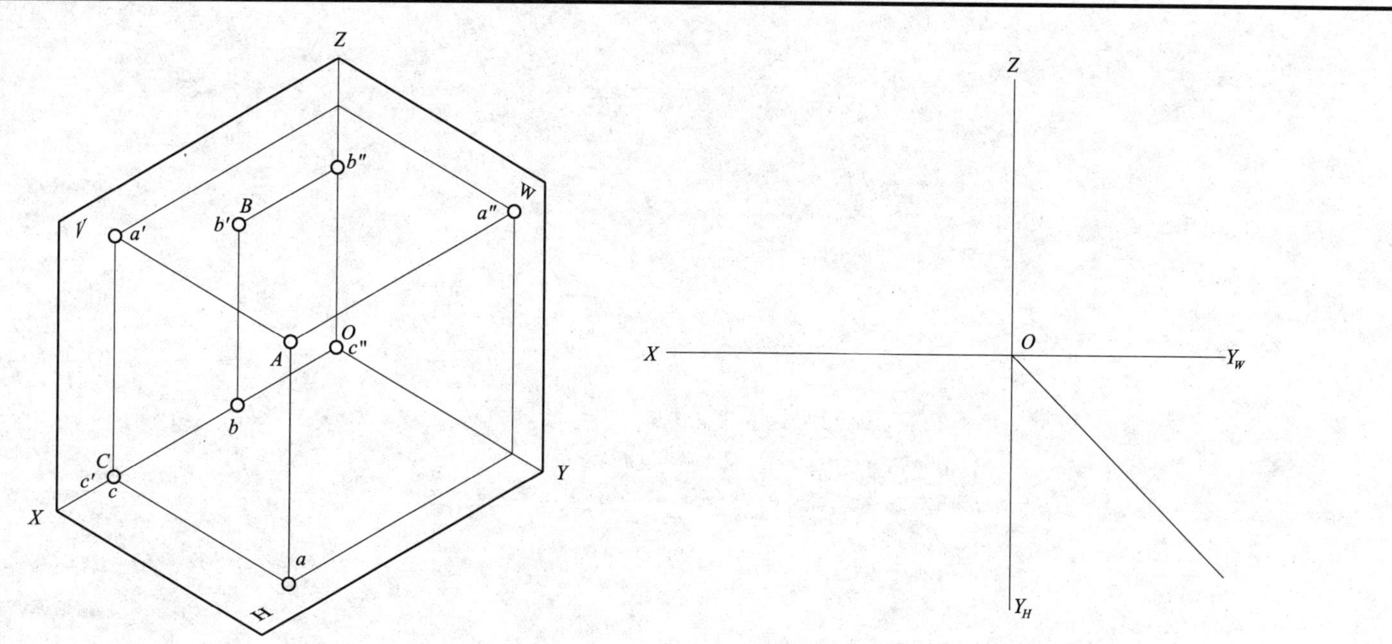

A 点在________，B 点在________，C 点在_______。（横线上填写：V 面上、H 面上、W 面上；X 轴上、Y 轴上、Z 轴上；空间内）

A 点距 V 面________，A 点距 H 面__________，A 点距 W 面__________。

B 点距 V 面________，B 点距 H 面__________，B 点距 W 面__________。

C 点距 V 面________，C 点距 H 面__________，C 点距 W 面__________。

3—1—7　已知线段的两面投影，求其第三面投影，判断直线对投影面的相对位置，并填空

1.

直线 *AB* 与 *V* 面________，

直线 *AB* 与 *H* 面________，

直线 *AB* 与 *W* 面________，

直线 *AB* 是__________线，

________________是实长，

直线 *AB* 与 *H* 面的倾角 α 为_________。

2.

直线 *AB* 与 *V* 面_______，

直线 *AB* 与 *H* 面_______，

直线 *AB* 与 *W* 面_______，

直线 *AB* 是__________线，

_______________是实长。

3.

直线 *AB* 与 *V* 面_________，

直线 *AB* 与 *H* 面_________，

直线 *AB* 与 *W* 面_________，

直线 *AB* 是___________线。

4.

SA 是_________线，

SB 是_________线，

SC 是_________线，

AB 是_________线，

AC 是_________线，

BC 是_________线。

3—1—8　将三视图上标注字母的各点在立体图中标注出来，在三视图上补全其各面投影，并填空

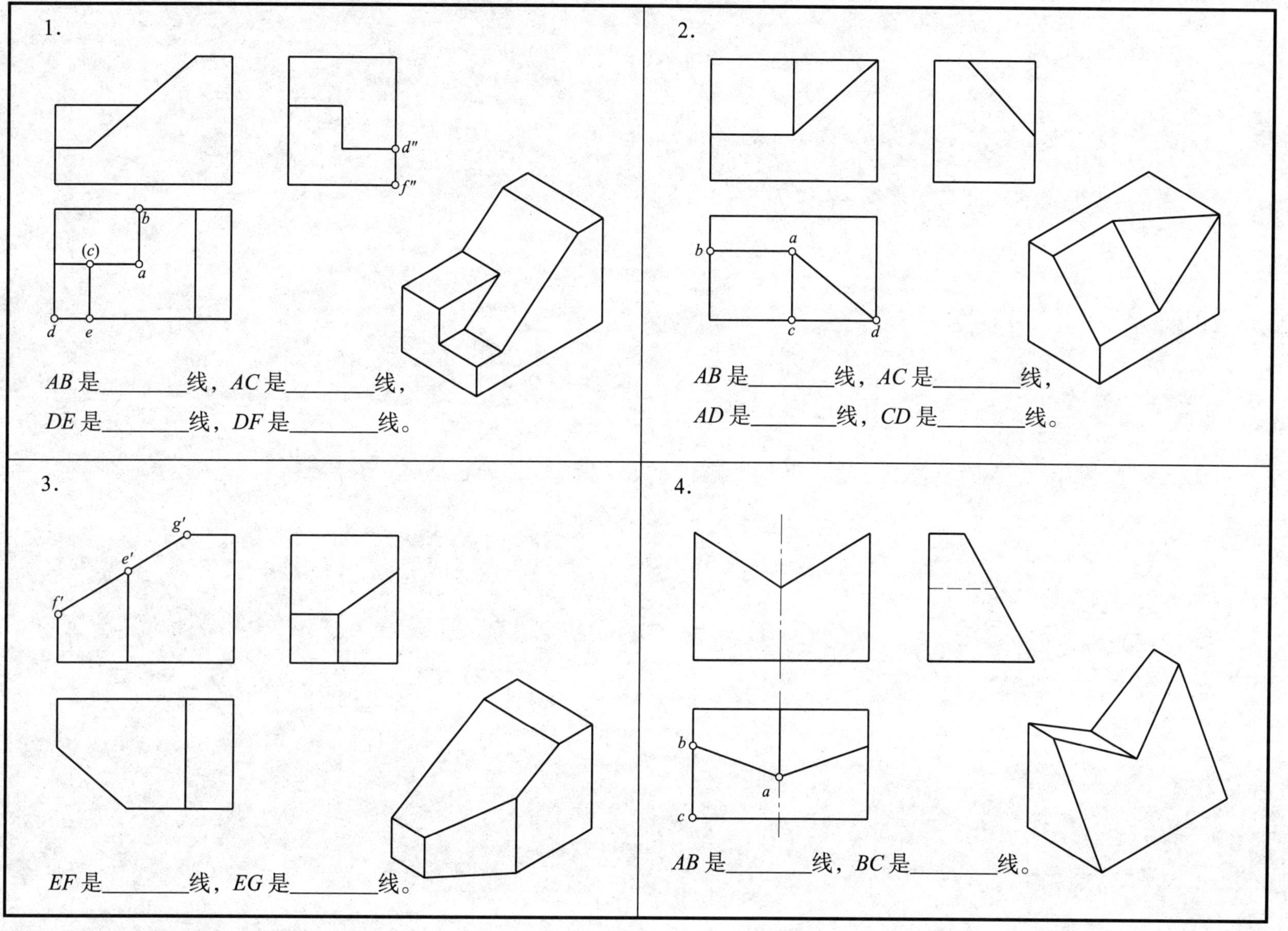

1. *AB* 是________线，*AC* 是________线，*DE* 是________线，*DF* 是________线。

2. *AB* 是________线，*AC* 是________线，*AD* 是________线，*CD* 是________线。

3. *EF* 是________线，*EG* 是________线。

4. *AB* 是________线，*BC* 是________线。

3—1—9　已知平面的两面投影，求其第三面投影，判断平面与投影面的相对位置及有无实形，并填空

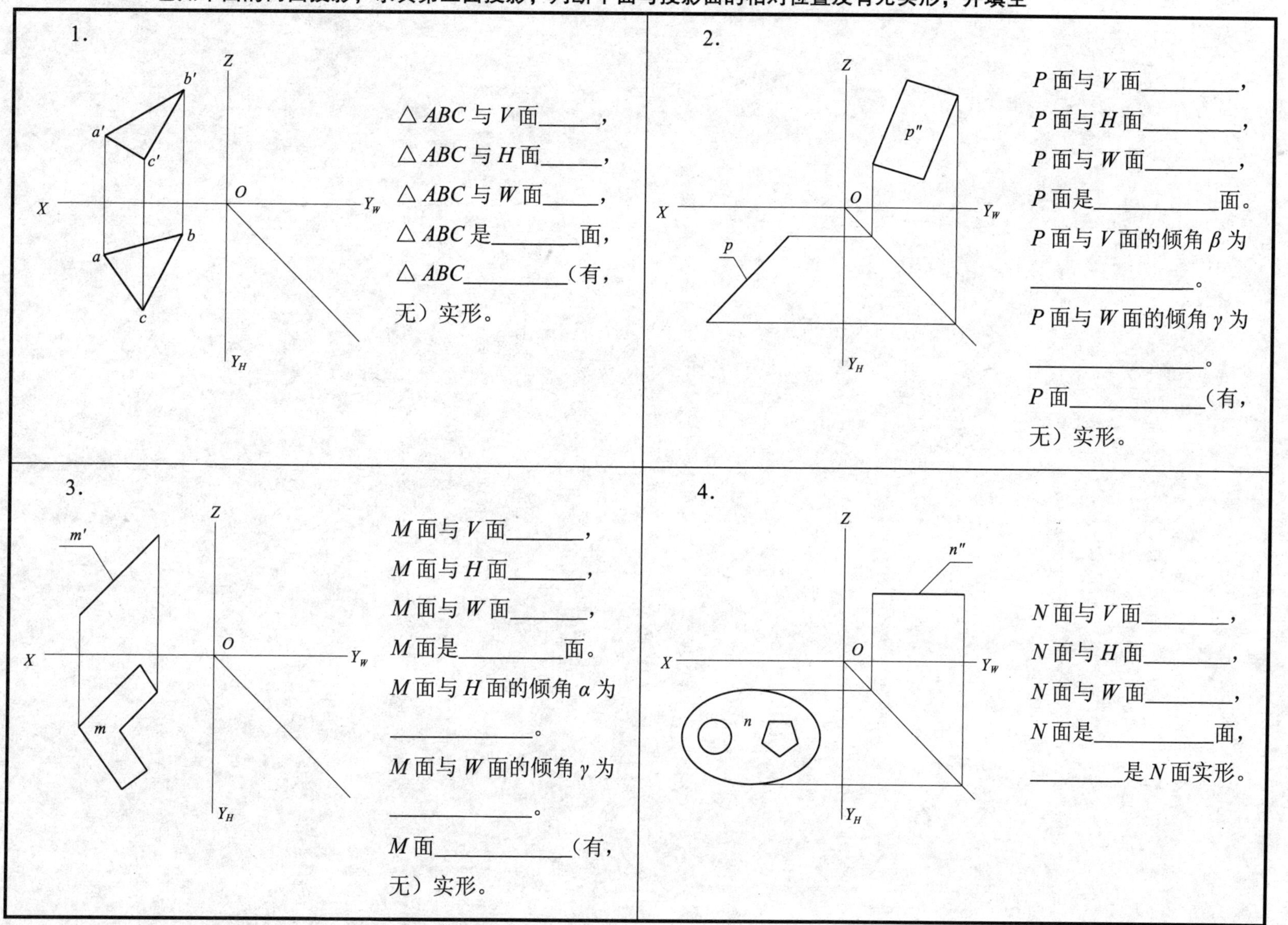

1.

△*ABC* 与 *V* 面______，

△*ABC* 与 *H* 面______，

△*ABC* 与 *W* 面______，

△*ABC* 是________面，

△*ABC*__________（有，无）实形。

2.

P 面与 *V* 面________，

P 面与 *H* 面________，

P 面与 *W* 面________，

P 面是__________面。

P 面与 *V* 面的倾角 β 为____________。

P 面与 *W* 面的倾角 γ 为____________。

P 面__________（有，无）实形。

3.

M 面与 *V* 面_______，

M 面与 *H* 面_______，

M 面与 *W* 面_______，

M 面是__________面。

M 面与 *H* 面的倾角 α 为____________。

M 面与 *W* 面的倾角 γ 为____________。

M 面____________（有，无）实形。

4.

N 面与 *V* 面________，

N 面与 *H* 面________，

N 面与 *W* 面________，

N 面是__________面，

________是 *N* 面实形。

班级　　　　姓名　　　　学号

3—1—10　在物体的三视图上，根据平面的标记在投影图上求平面的另外两个投影，在立体图上标出其位置，并填空

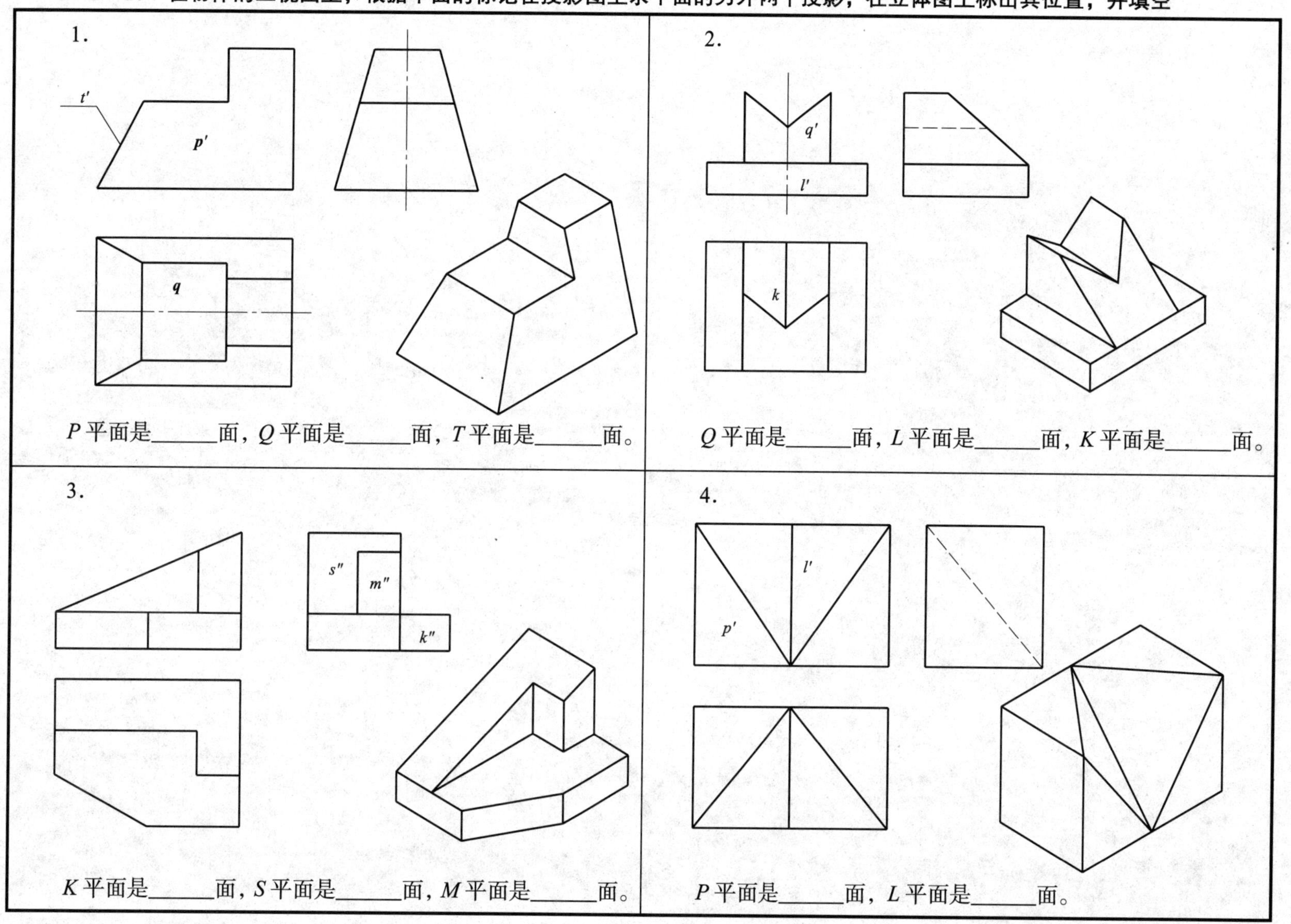

1. *P* 平面是______面，*Q* 平面是______面，*T* 平面是______面。

2. *Q* 平面是______面，*L* 平面是______面，*K* 平面是______面。

3. *K* 平面是______面，*S* 平面是______面，*M* 平面是______面。

4. *P* 平面是______面，*L* 平面是______面。

3—2—1　根据立体图，画平面立体三视图，并标注尺寸（CAD：绘制下列平面立体的三维图，并画出三视图）

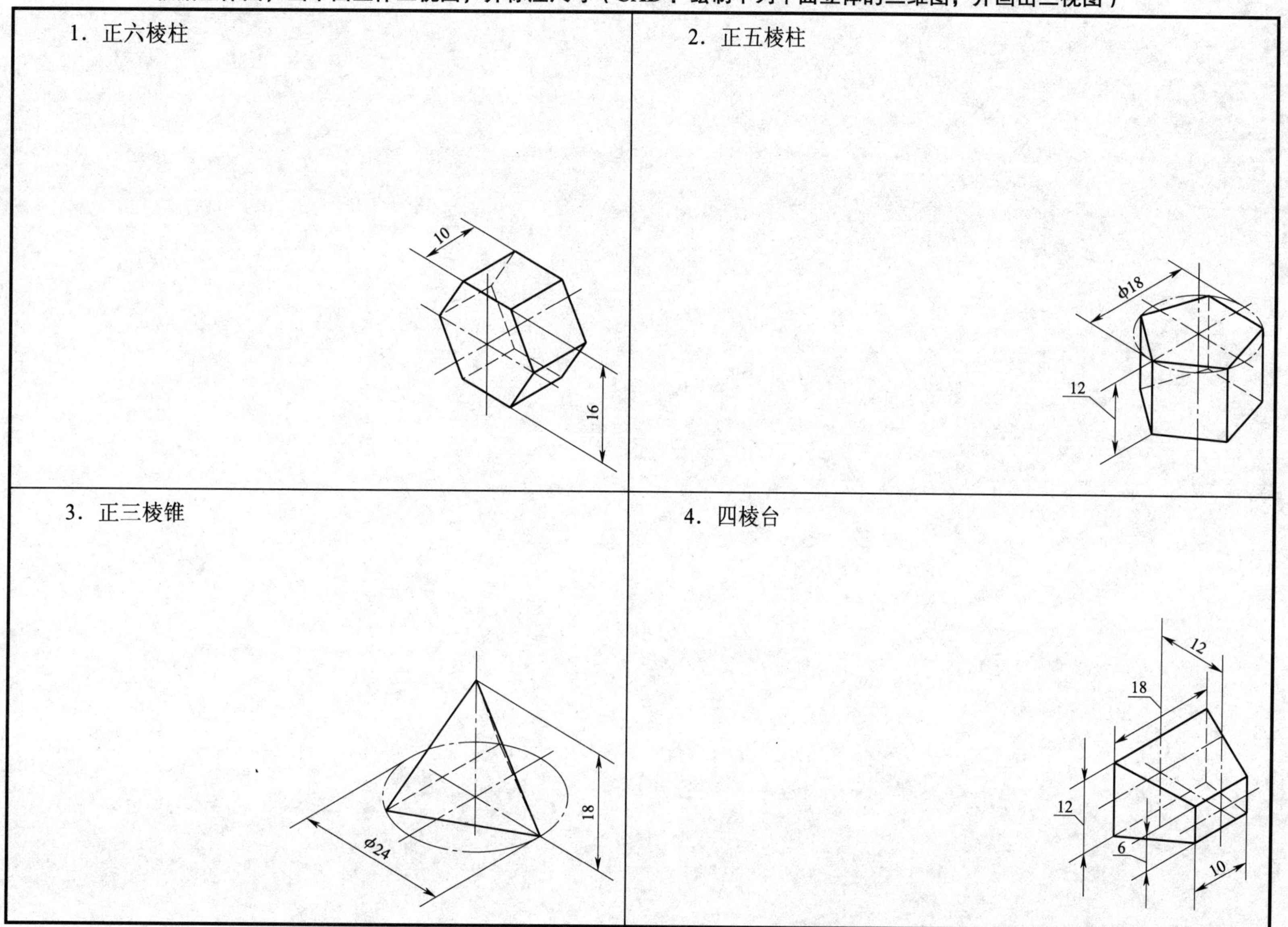

3—2—2　根据立体图，画曲面立体的三视图，并标注尺寸（CAD：绘制下列曲面立体的三维图，并画出三视图）

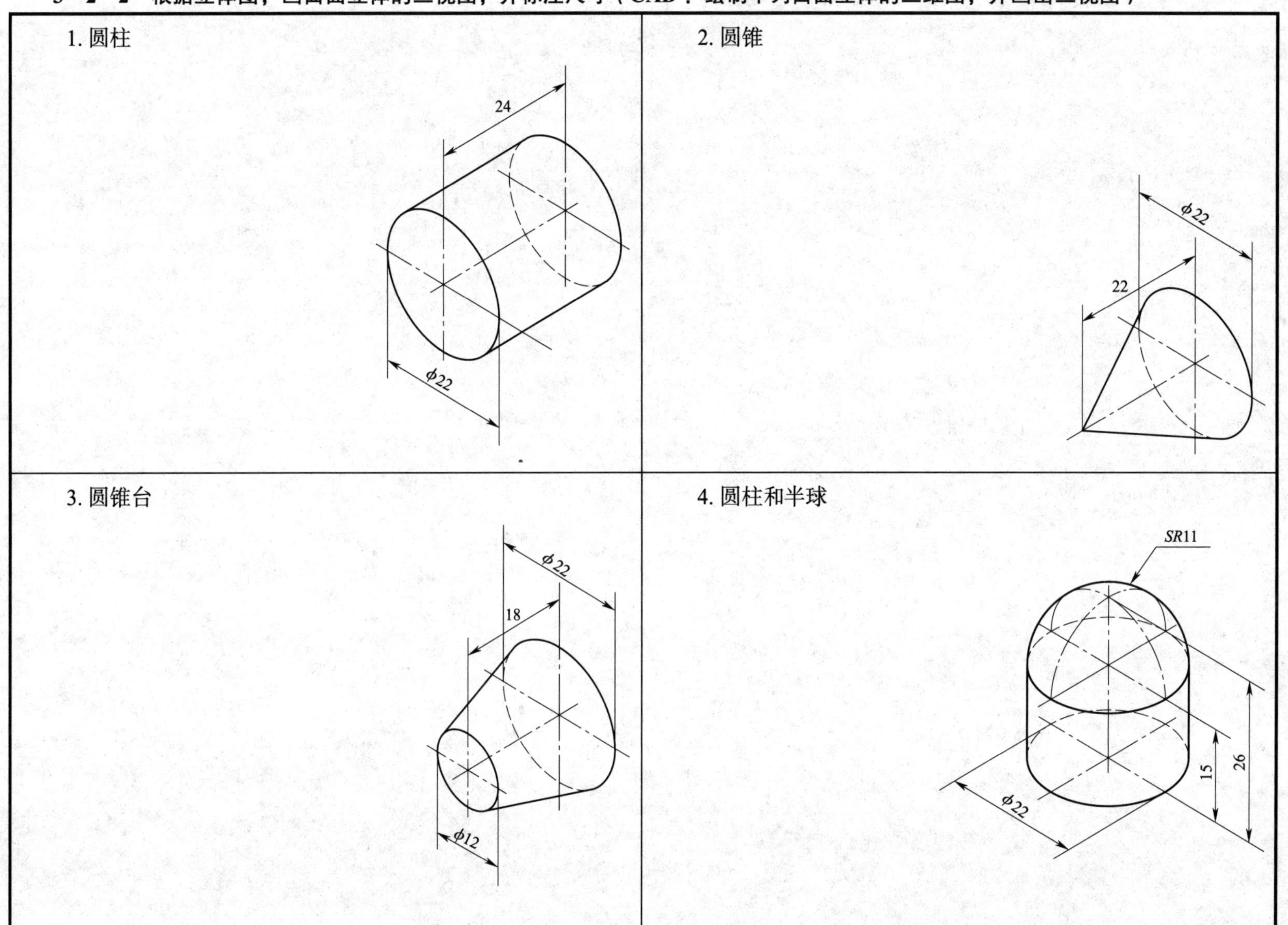

班级　　　　姓名　　　　学号

3—2—3　求作表面点的三面投影（CAD：根据下列三视图绘制三维图，并采用多视口视图显示模型）

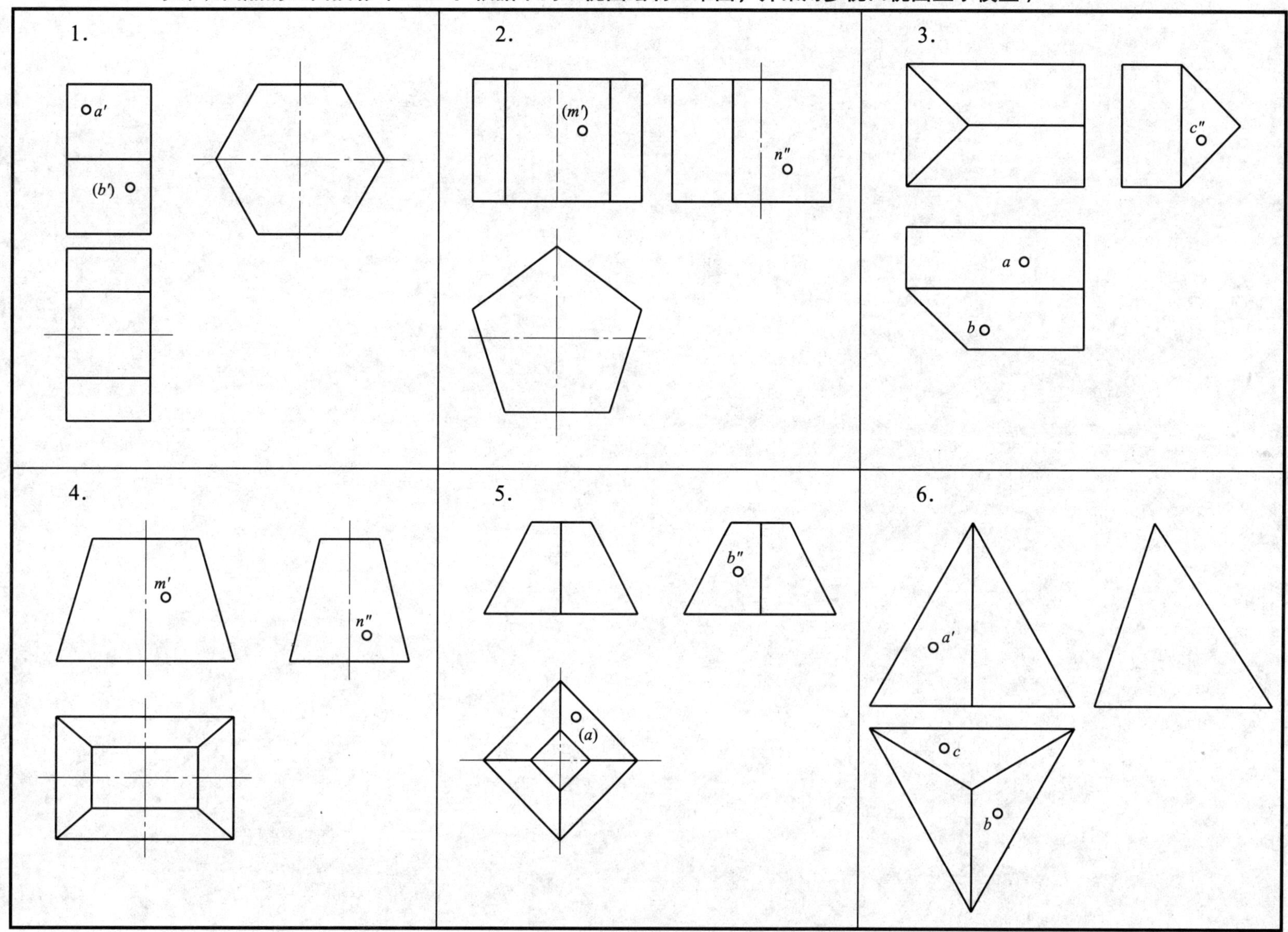

3—2—4　判断点的位置，求作表面点的三面投影（CAD：绘制下列曲面立体的三维图，并采用多视口视图显示模型）

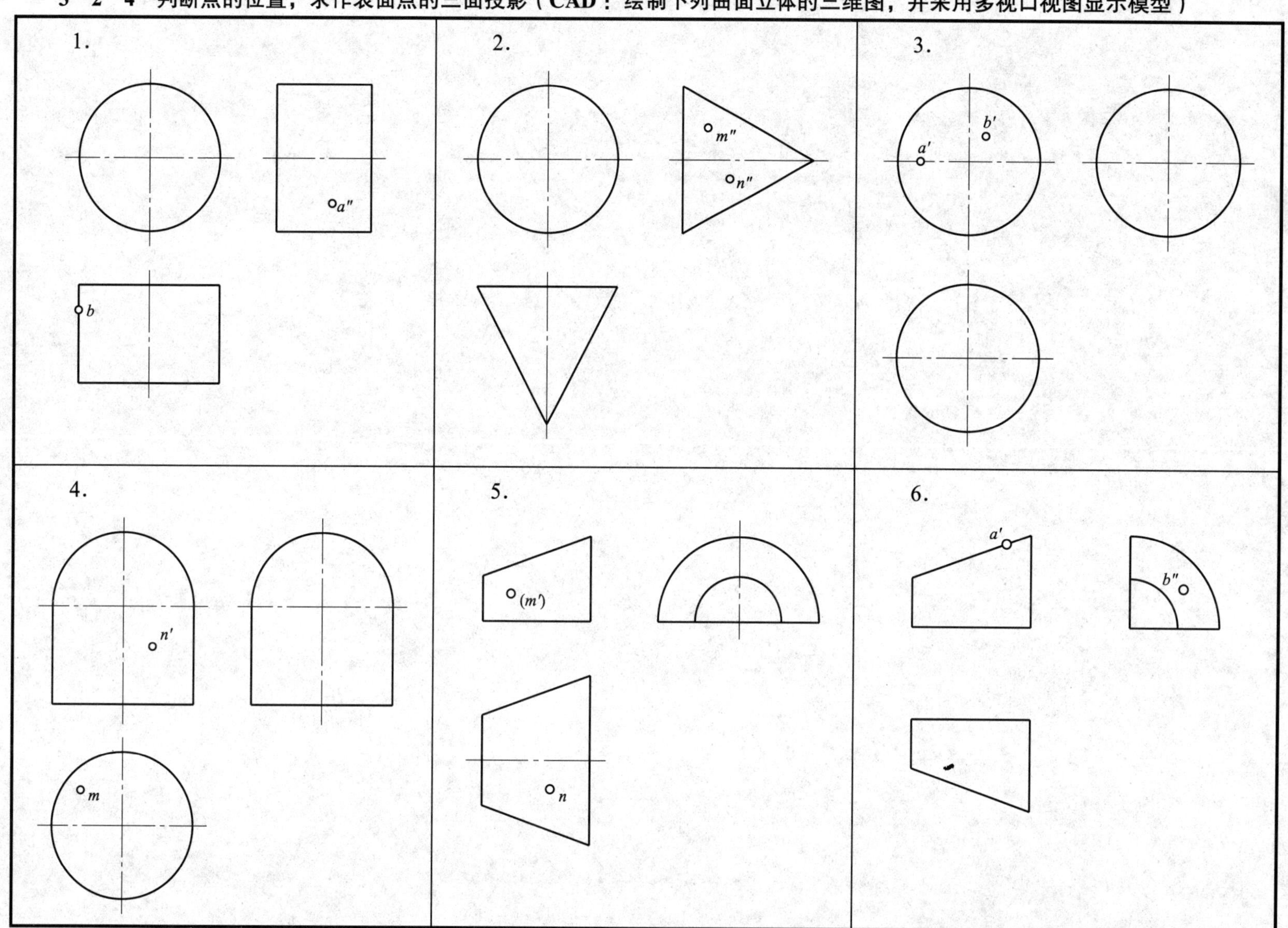

模块四　立体表面交线的绘制

4—1—1　根据两面视图，想象物体形状，补画第三视图（CAD：绘制下列立体的三维图，并采用轮廓命令由三维图生成三视图）

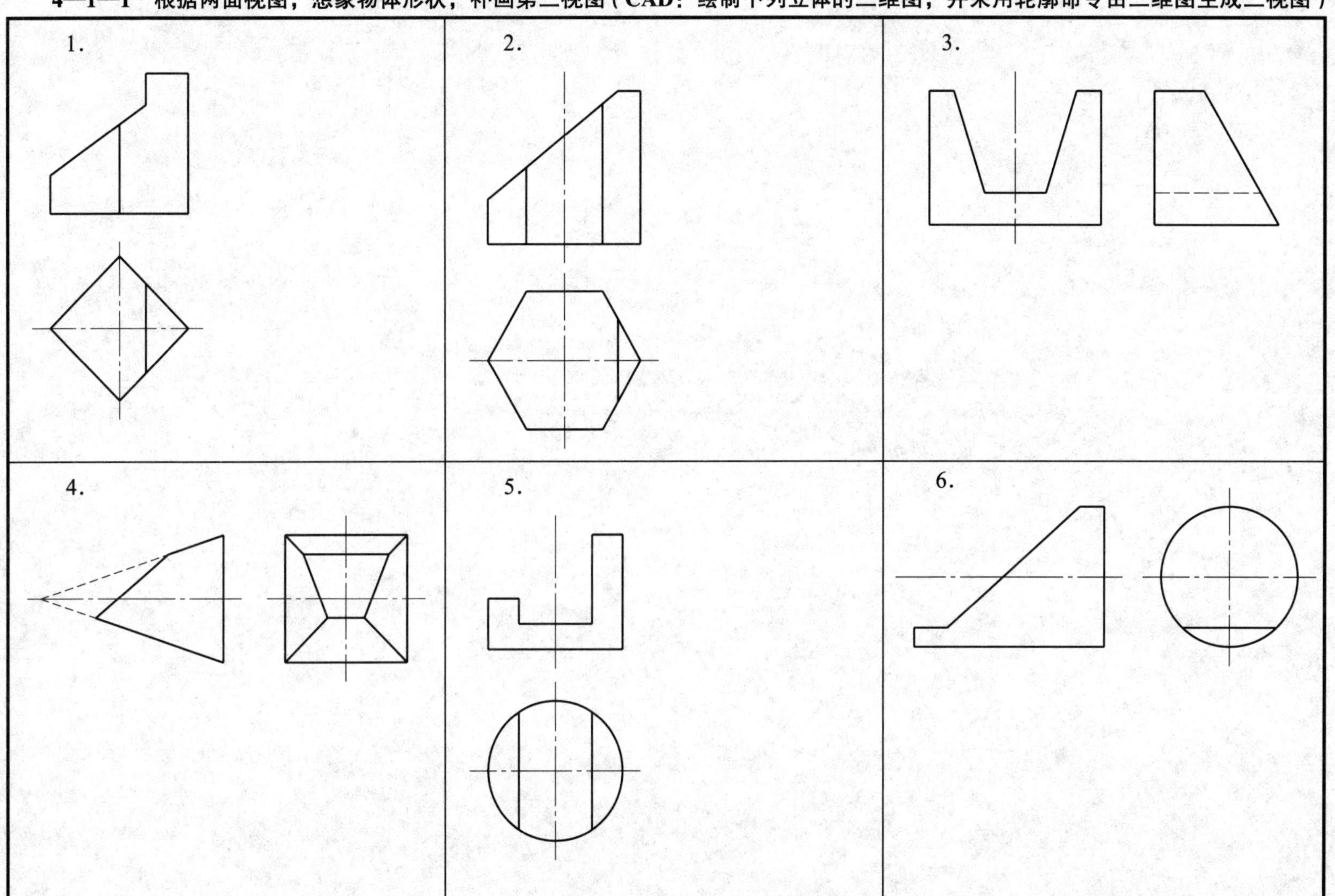

4—1—2　根据两面视图，想象物体形状，补画第三视图（CAD：绘制下列立体的三维图，并采用轮廓命令由三维图生成三视图）

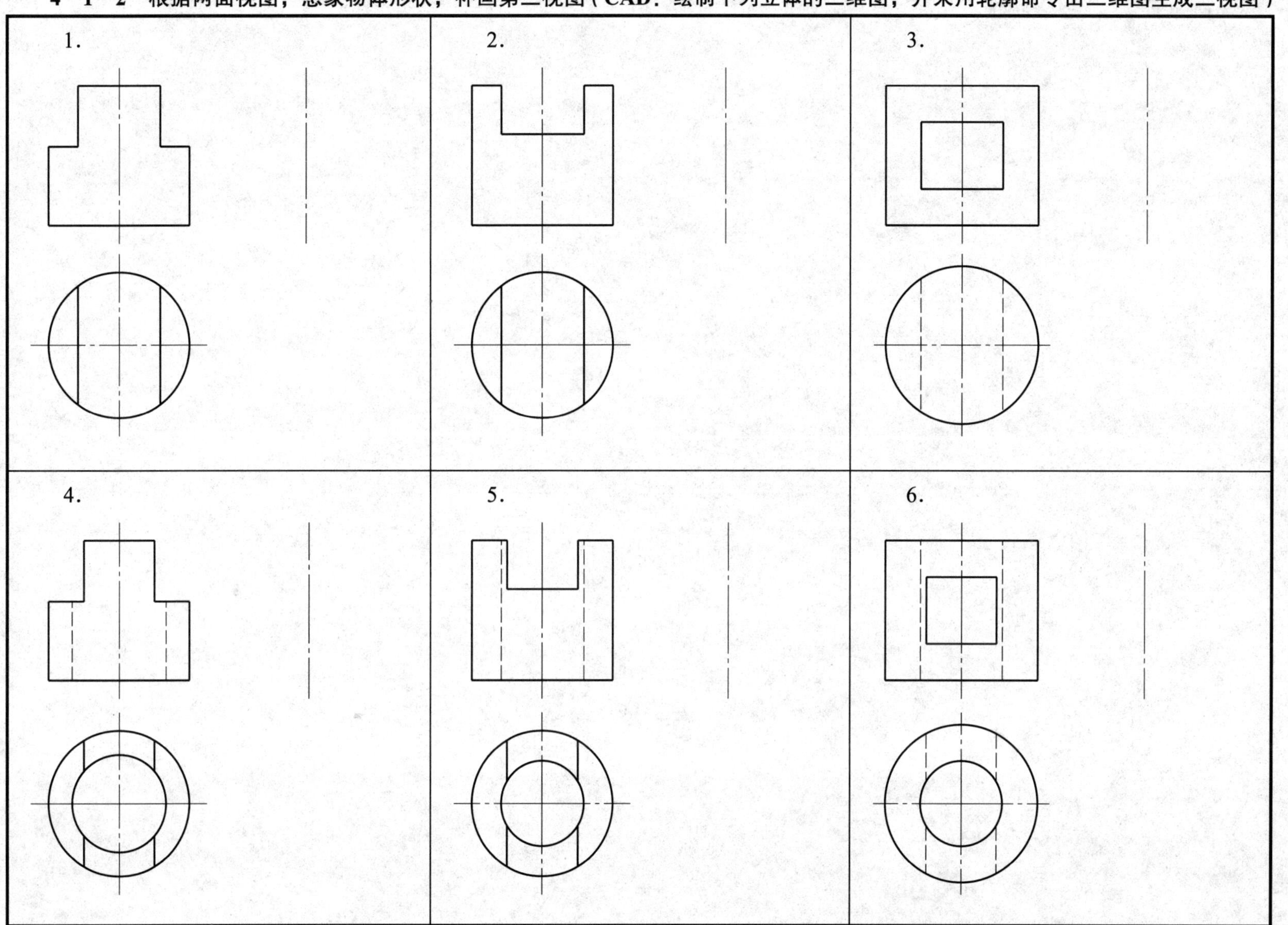

班级　　　　姓名　　　　学号

4—1—3　根据所给视图，想象物体形状，补全三视图（CAD：绘制下列立体的三维图，并采用轮廓命令由三维图生成三视图）

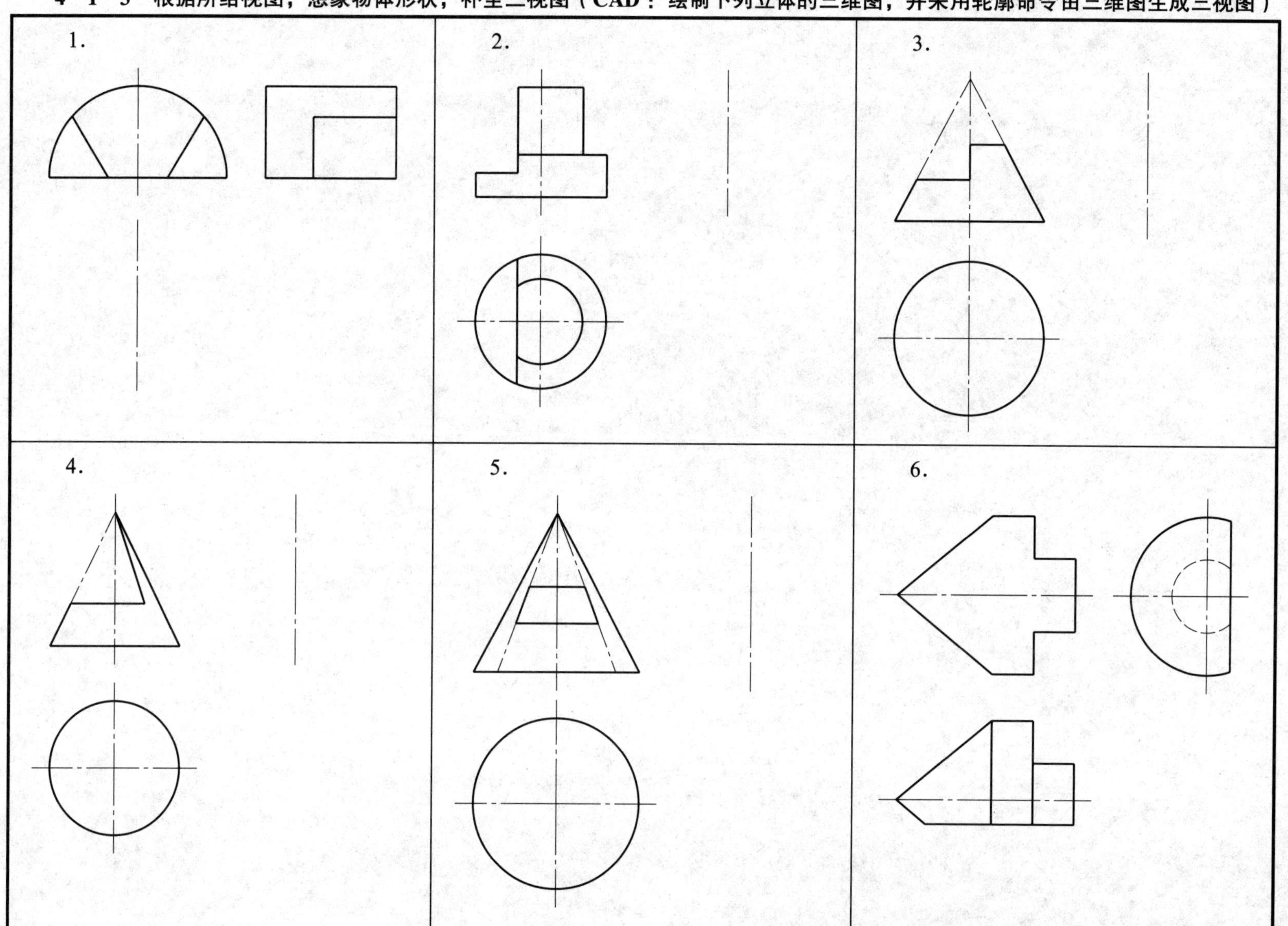

班级　　　　姓名　　　　学号

4—2—1　根据所给视图，想象物体形状，补画视图中漏画的图线（CAD：绘制三维图，并采用轮廓命令由三维图生成三视图）

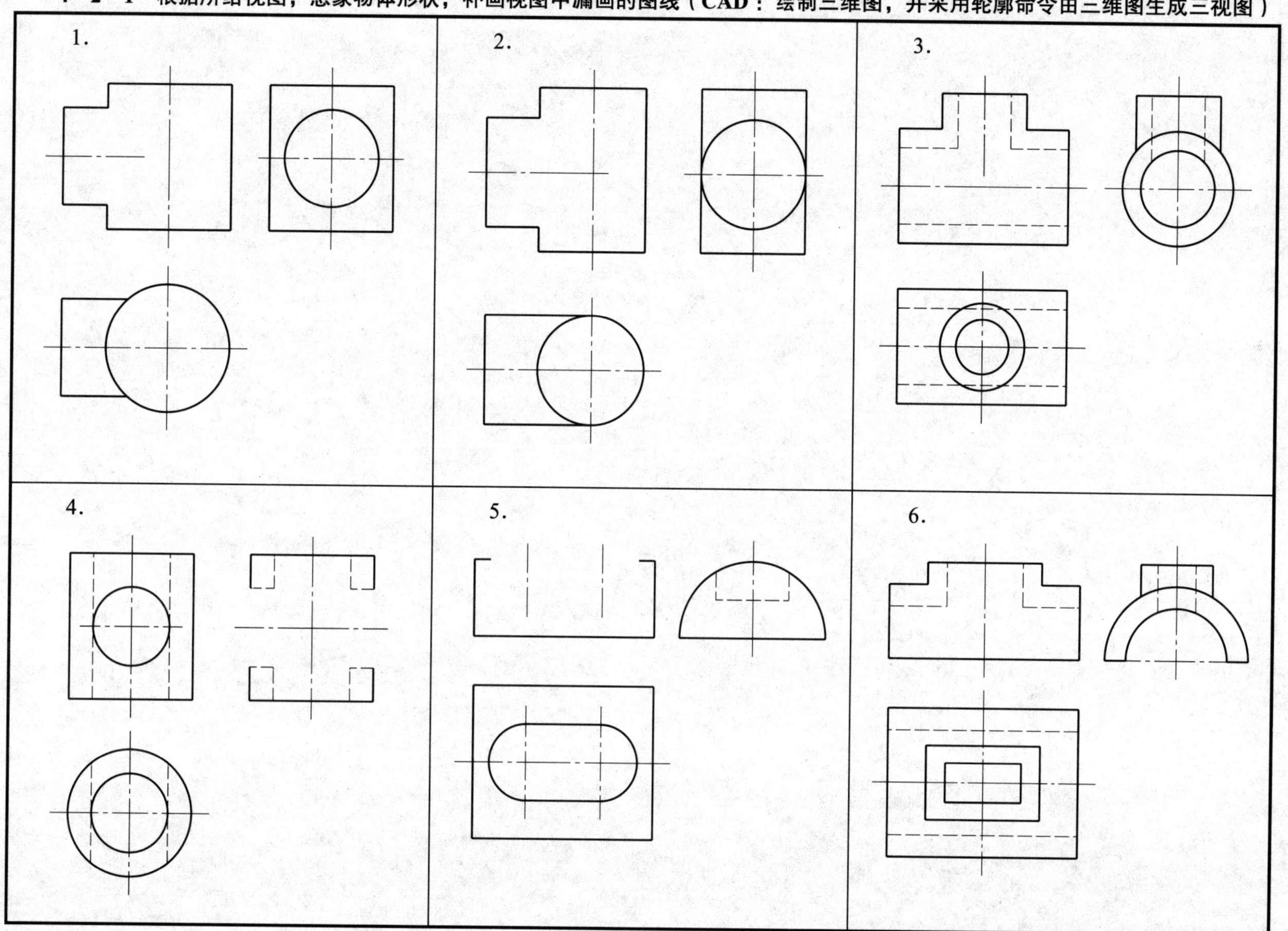

班级　　　　姓名　　　　学号

4—2—2　根据两面视图，想象物体形状，补画第三视图（CAD：绘制下列立体的三维图，并采用轮廓命令由三维图生成三视图）

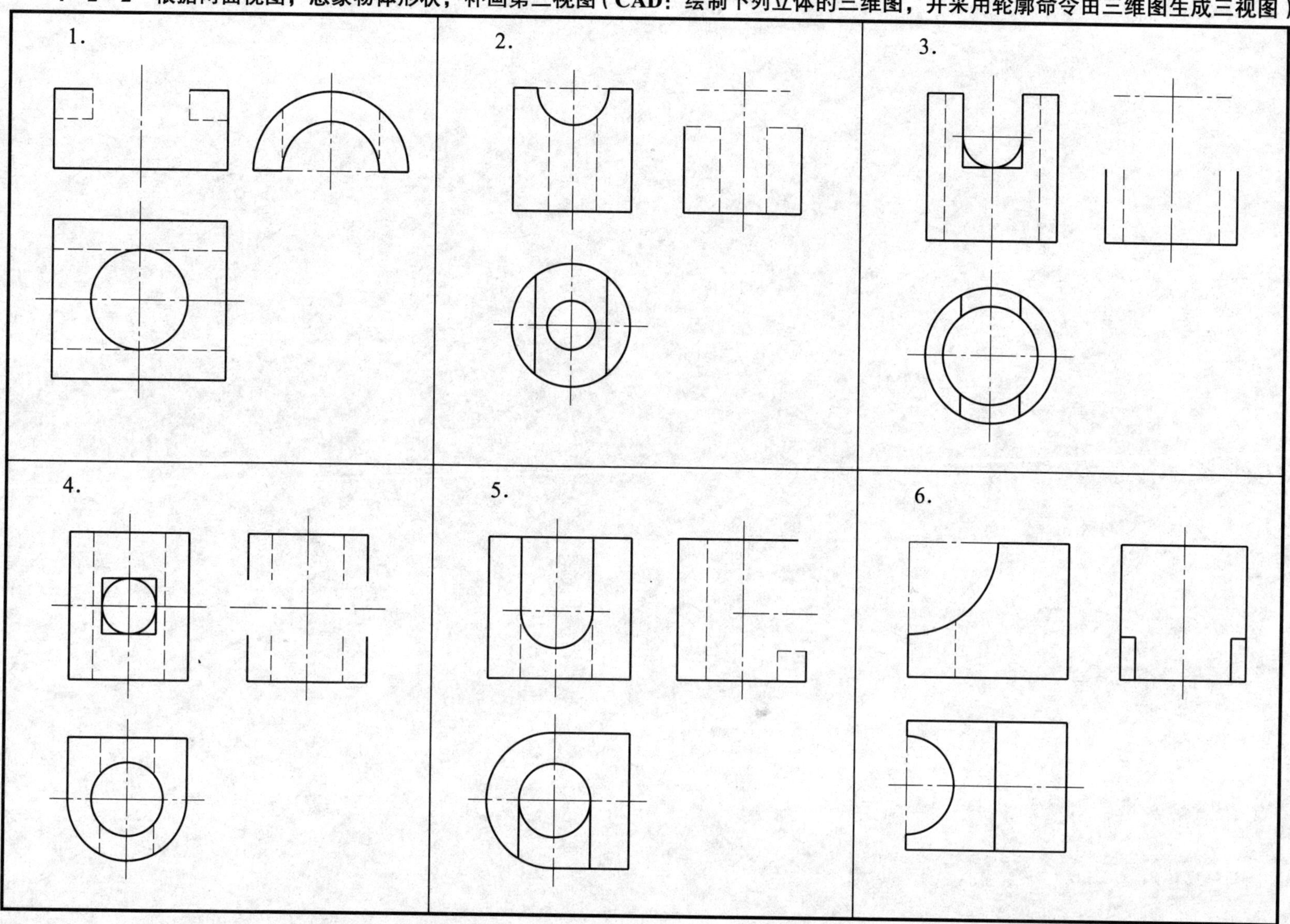

模块五　绘制轴测图

5—1—1　根据物体的主、俯视图补画左视图，并画出其正等轴测图（尺寸从图中量取）（CAD：利用正交、极轴追踪、等轴测捕捉模式绘制正等轴测图）

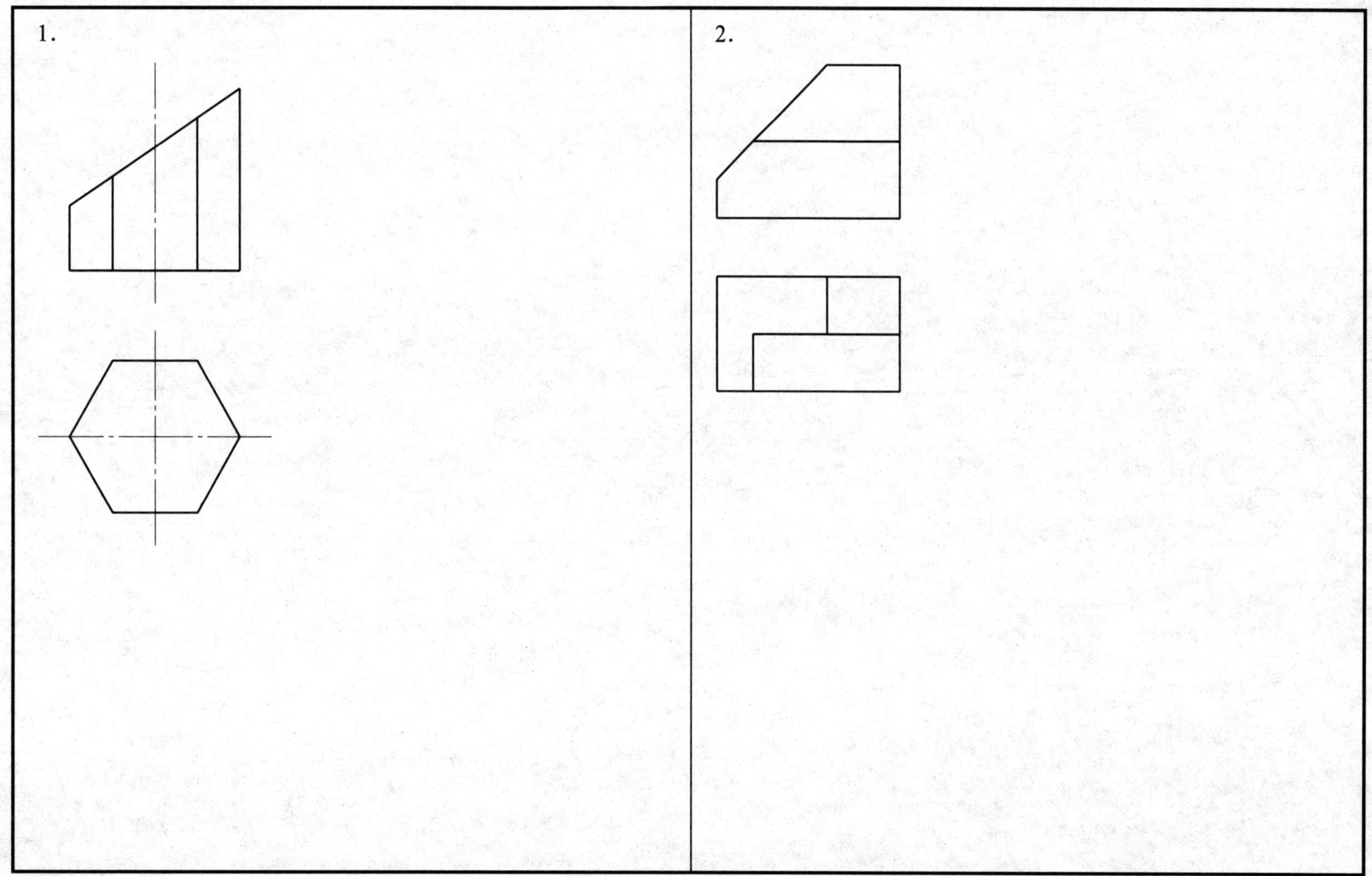

班级　　　　姓名　　　　学号

5—1—2　根据给定的三视图，画出其正等轴测图（尺寸从图中量取）（CAD：利用正交、极轴追踪、等轴测捕捉模式绘制正等轴测图）

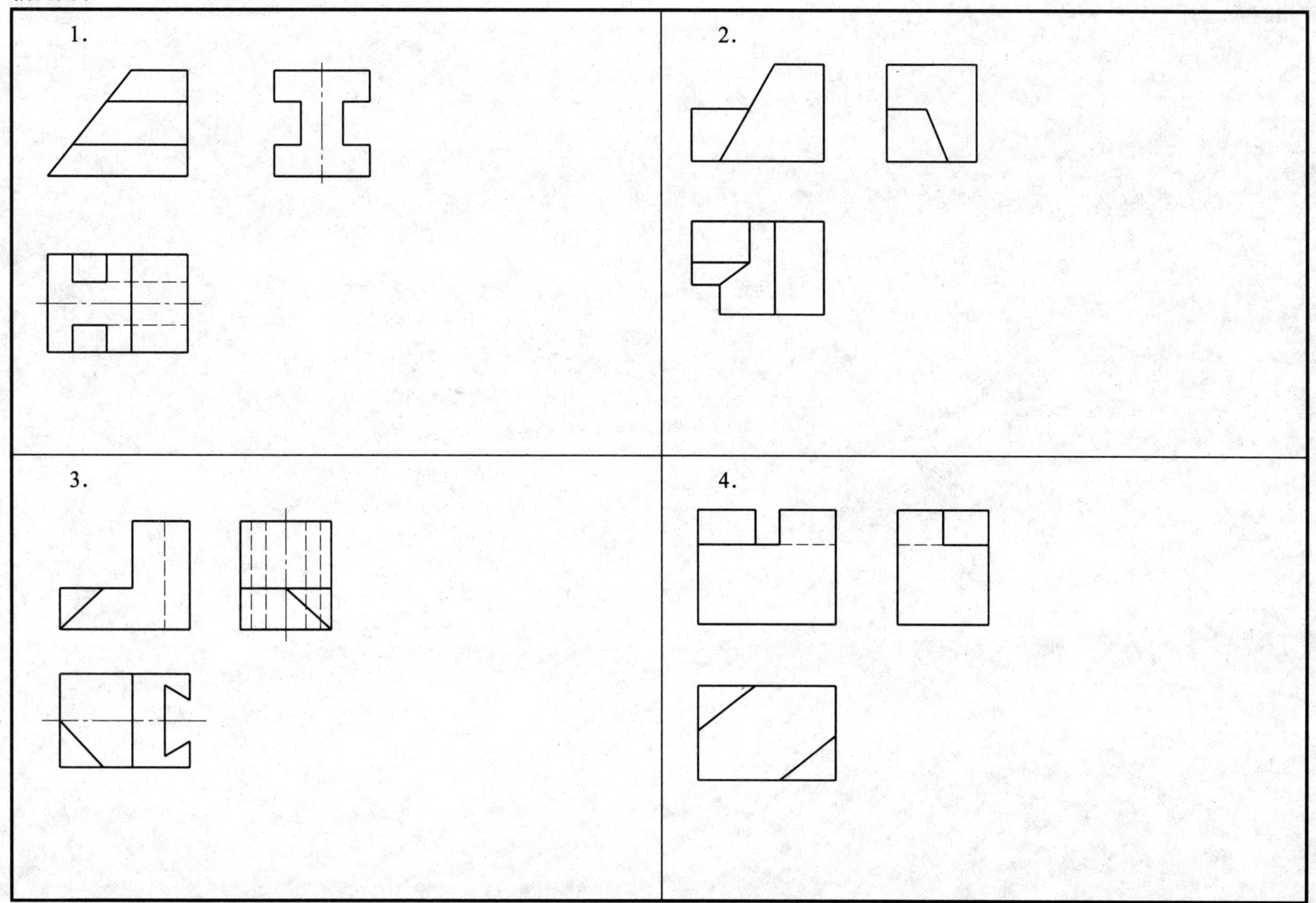

班级　　　　姓名　　　　学号

5—1—3　根据给定的三视图，画出其正等轴测图（尺寸从图中量取）（CAD：利用正交、极轴追踪、等轴测捕捉模式绘制正等轴测图）

1.

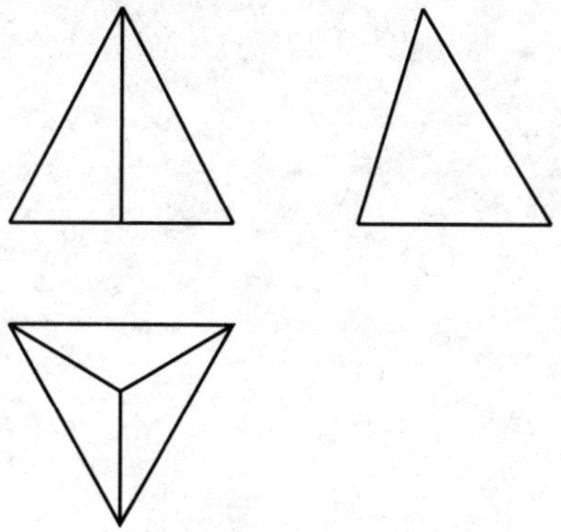

2.

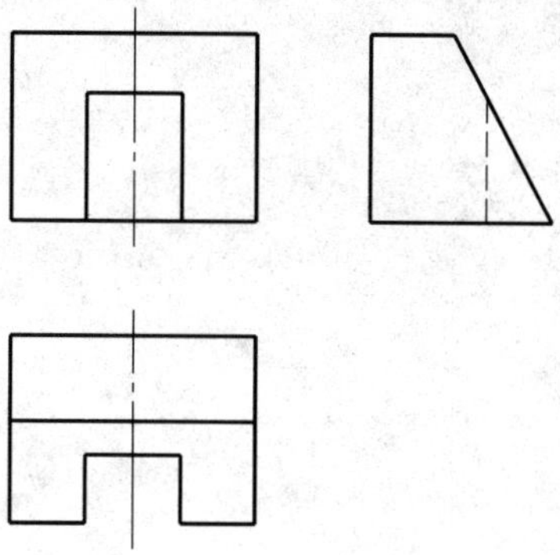

3.

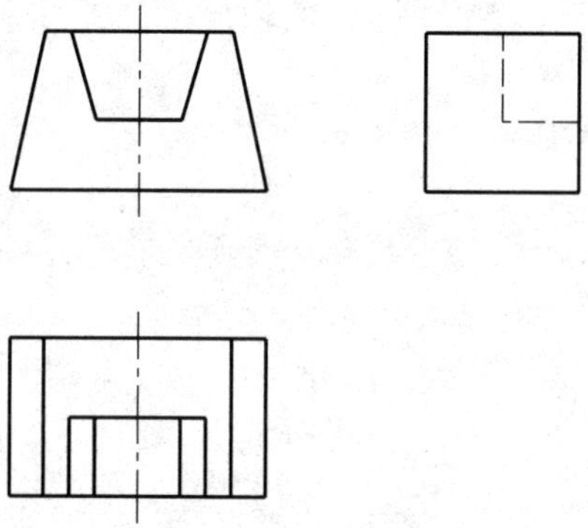

4.

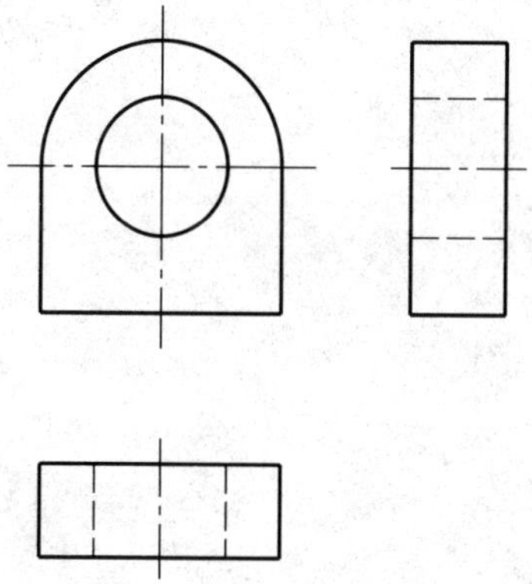

5—2—1　根据物体的主、俯视图补画左视图，并画出其斜二测图（CAD：利用极轴追踪绘制斜二测图）

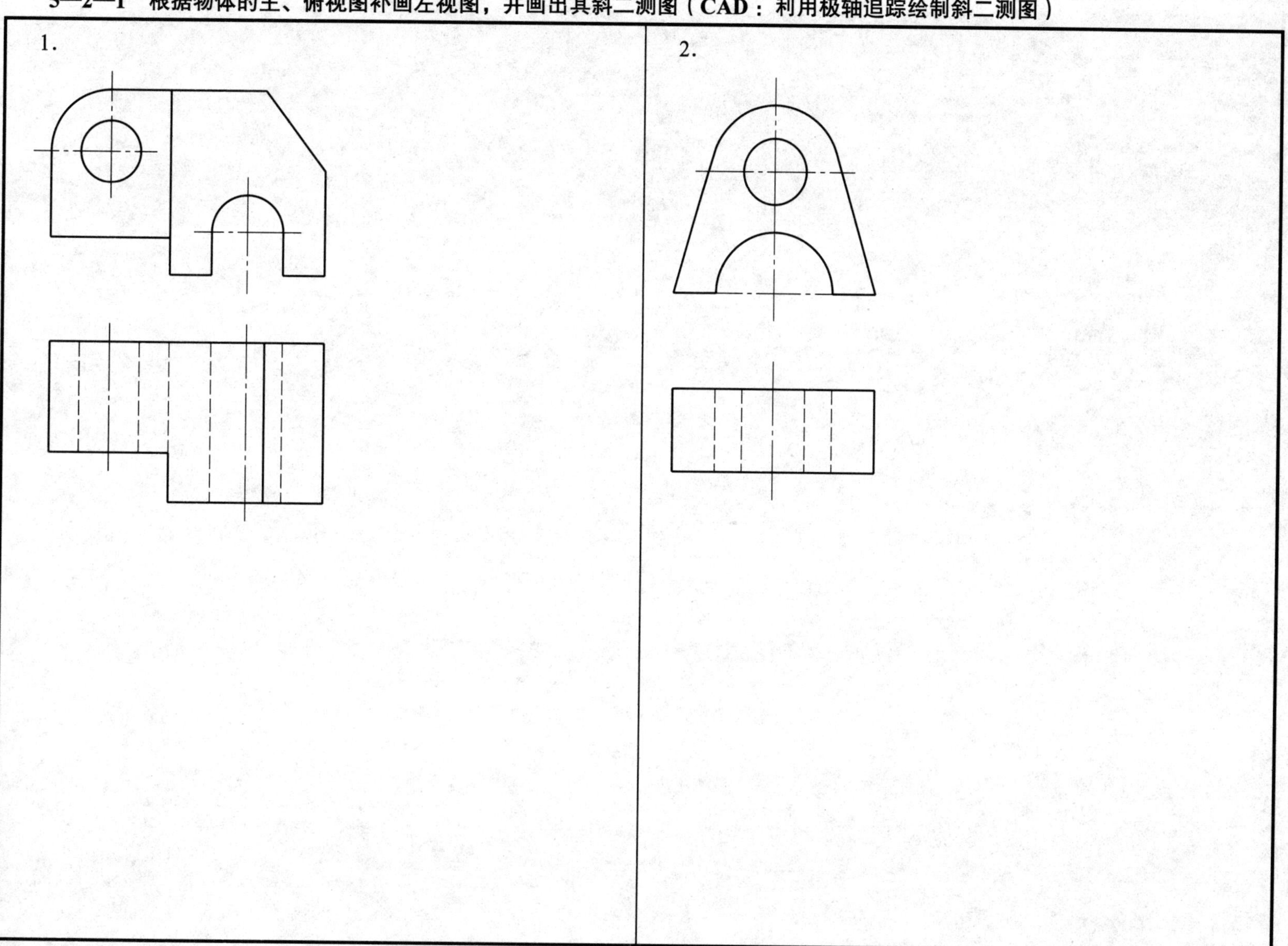

5—2—1 根据物体的主、俯视图画左视图，并画出其斜二测图（CAD：利用CAD绘制斜二测图）

模块六　绘制与识读组合体图形

6—1—1　根据立体图，绘制组合体的三视图（尺寸从图中量取）（CAD：绘制下列立体三维图、二维图）

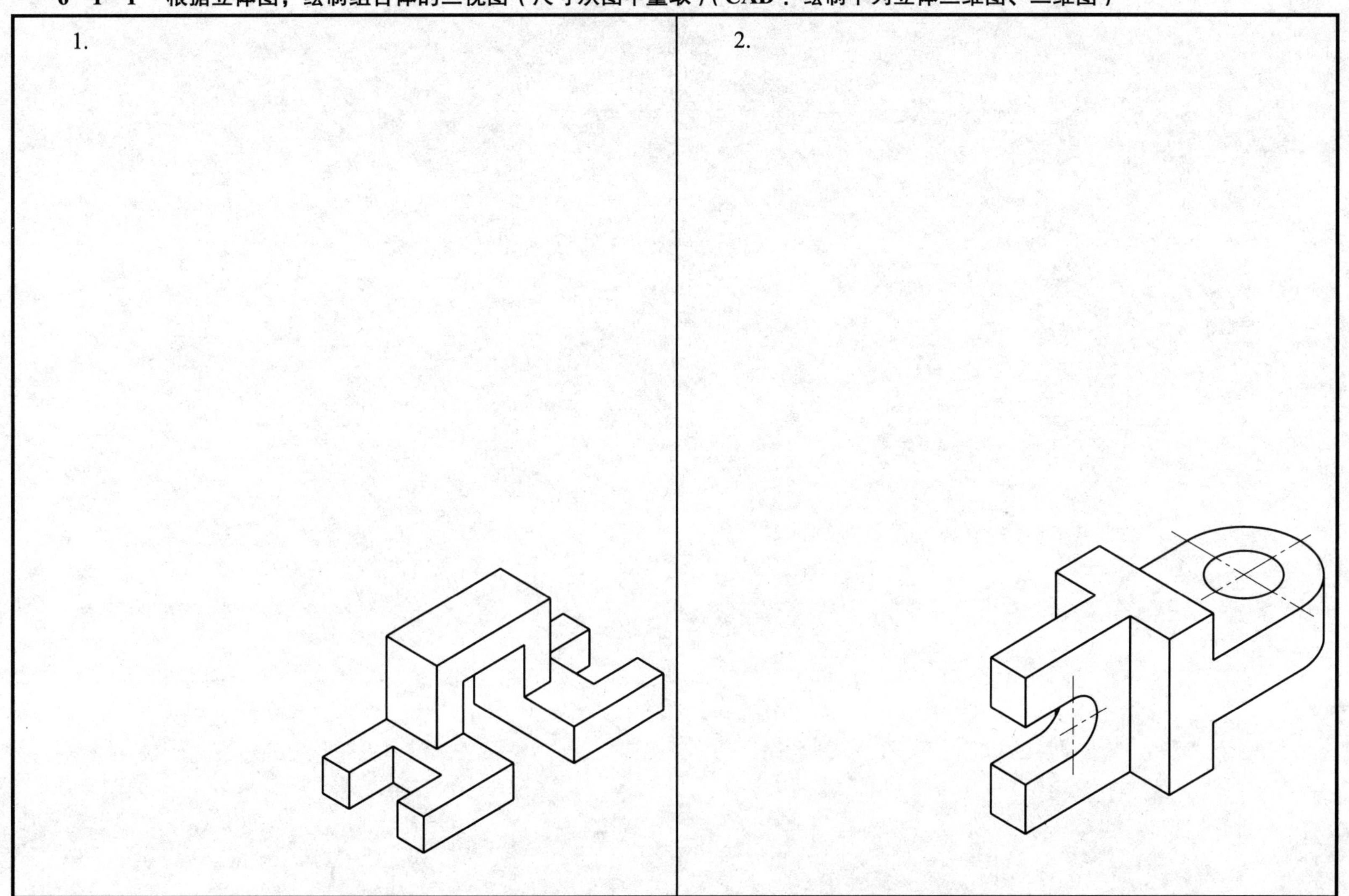

6—1—2　根据立体图，绘制组合体的三视图（孔均为通孔，尺寸从图中量取）（CAD：绘制下列立体三维图、二维图）

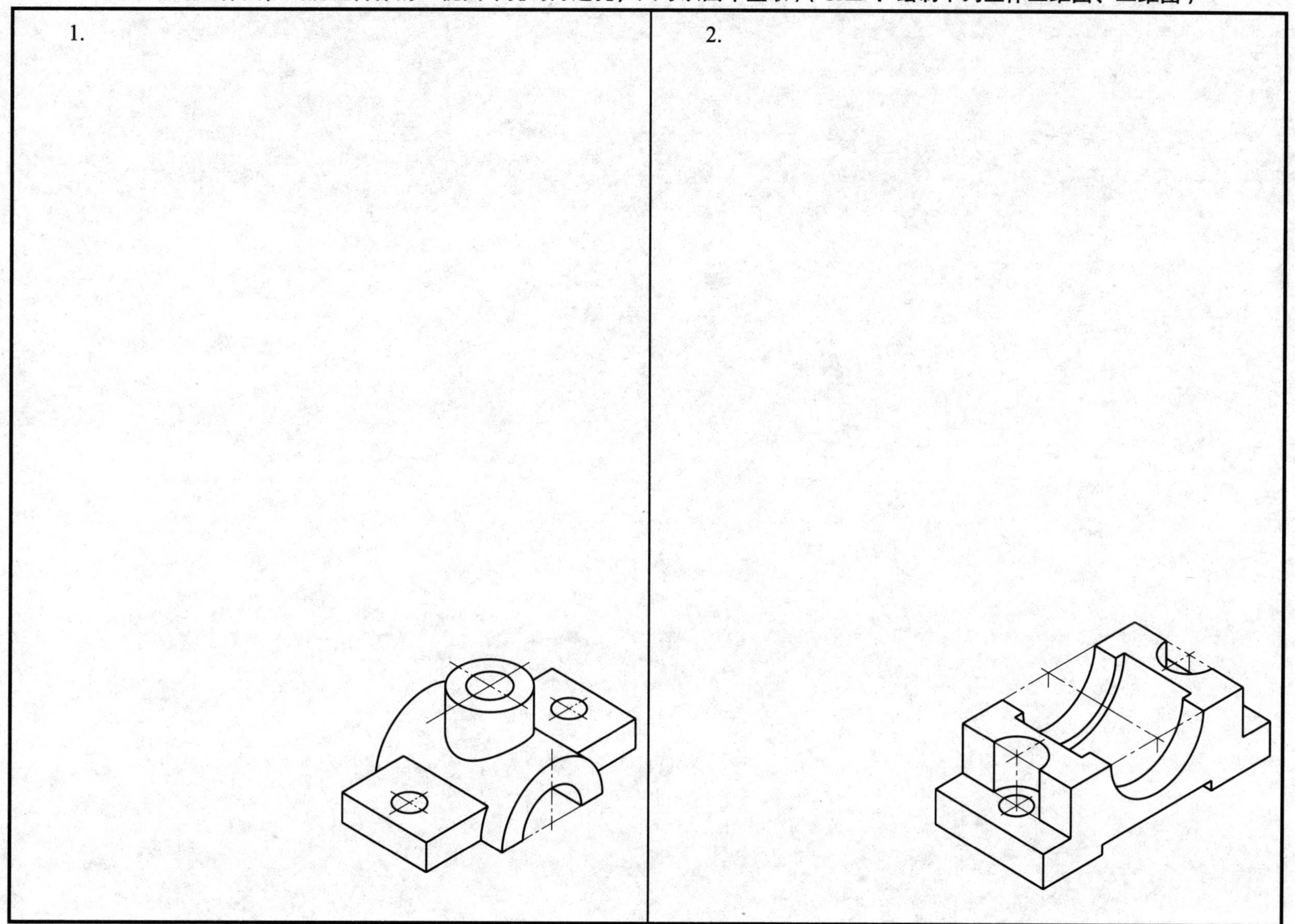

6-1-2 根据立体图，绘制组合体的三视图（孔均为通孔，尺寸从图中量取）（CAD：绘制下列立体三维图，三维图）

6—1—3 根据立体图，绘制组合体的三视图（孔均为通孔，尺寸从图中量取）（CAD：绘制下列立体三维图、二维图）

1.

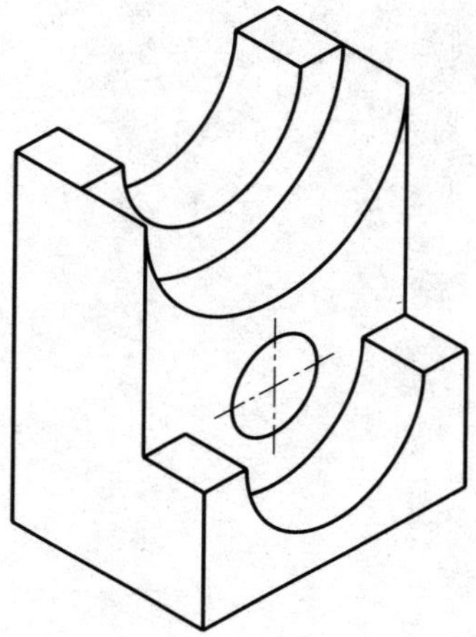

2.

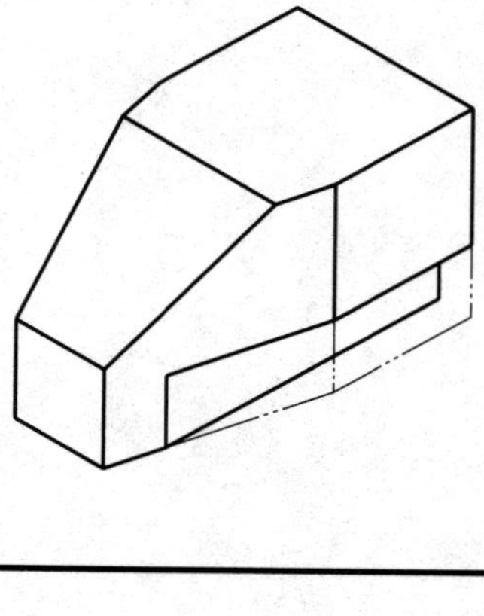

6—1—3 根据立体图，绘制组合体的三视图（孔均为通孔，尺寸从图中量取）（CAD）；绘制下列立体三维图（二维图）

1.

2.

6—1—4 绘制视图（尺寸从图中量取）（CAD：绘制下列立体三维图、二维图）

1. 根据立体图和左视图绘制主、俯视图。

2. 根据立体图和主视图绘制俯、左视图。

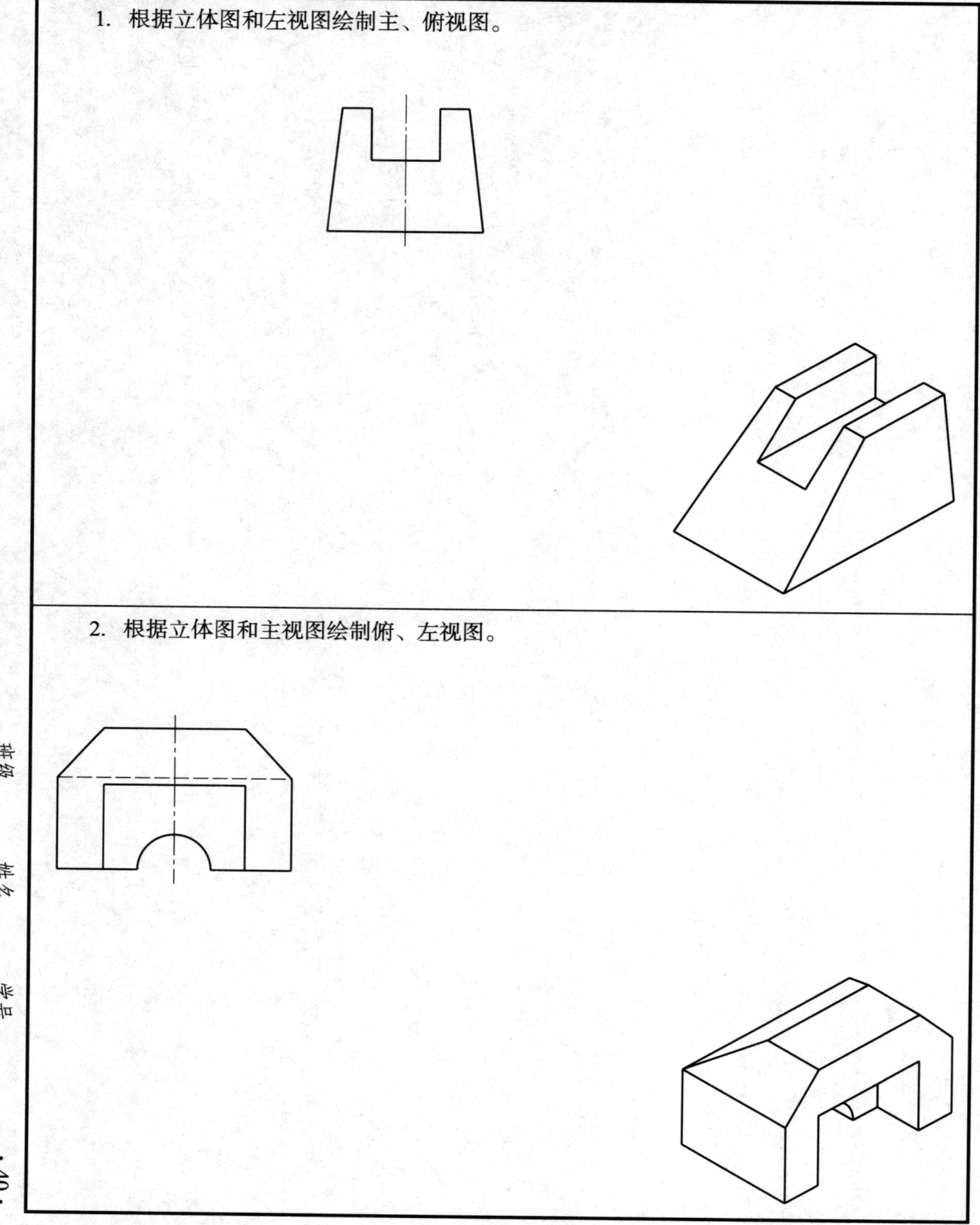

6—2—1 识读组合体三视图尺寸并填空（CAD：创建合适的标注样式，在给出的 CAD 三视图上标注尺寸）

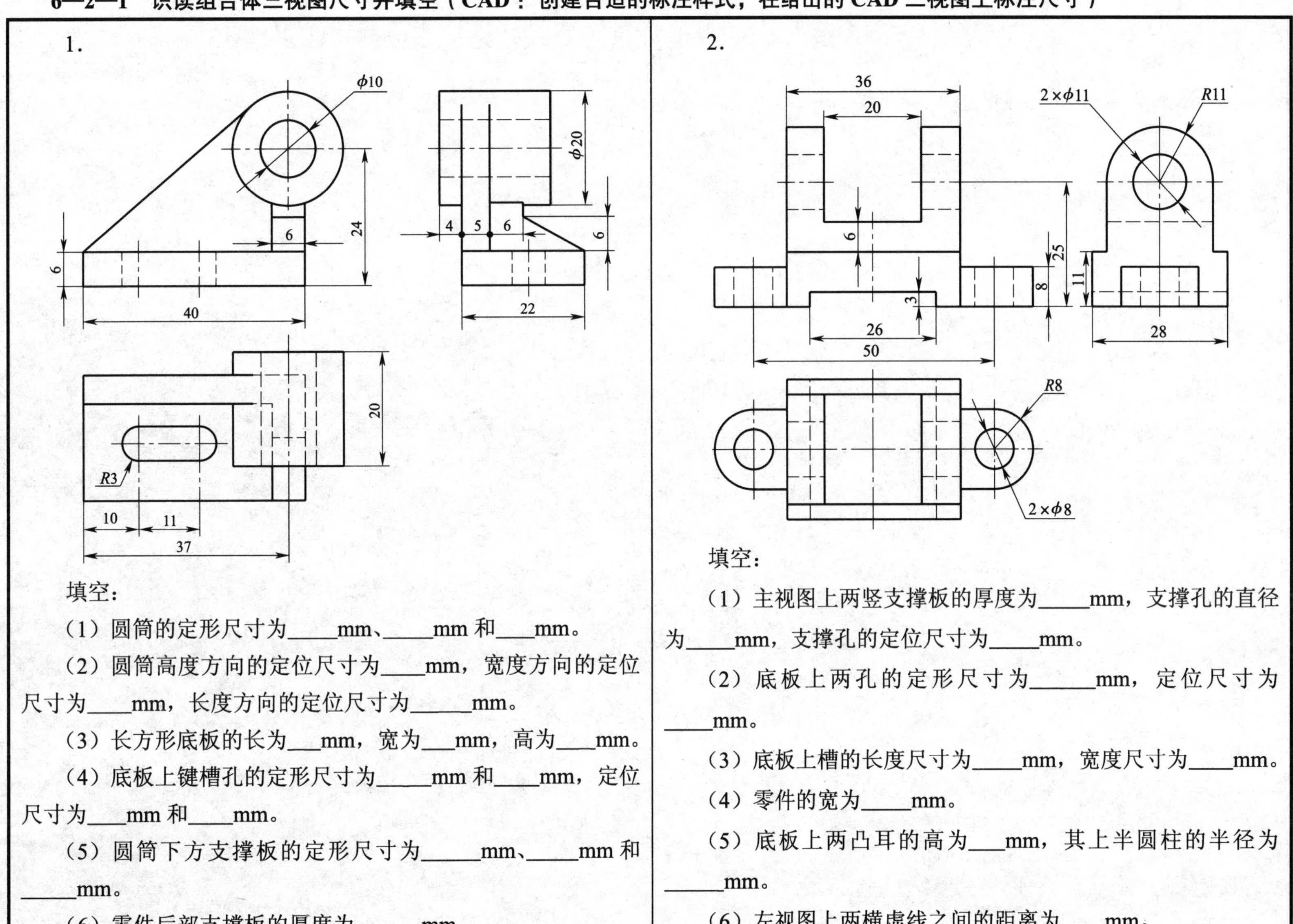

1.

填空：

（1）圆筒的定形尺寸为____mm、____mm 和___mm。

（2）圆筒高度方向的定位尺寸为____mm，宽度方向的定位尺寸为____mm，长度方向的定位尺寸为_____mm。

（3）长方形底板的长为___mm，宽为___mm，高为___mm。

（4）底板上键槽孔的定形尺寸为_____mm 和____mm，定位尺寸为____mm 和____mm。

（5）圆筒下方支撑板的定形尺寸为_____mm、_____mm 和_____mm。

（6）零件后部支撑板的厚度为______mm。

2.

填空：

（1）主视图上两竖支撑板的厚度为_____mm，支撑孔的直径为____mm，支撑孔的定位尺寸为_____mm。

（2）底板上两孔的定形尺寸为______mm，定位尺寸为_____mm。

（3）底板上槽的长度尺寸为_____mm，宽度尺寸为____mm。

（4）零件的宽为_____mm。

（5）底板上两凸耳的高为___mm，其上半圆柱的半径为_____mm。

（6）左视图上两横虚线之间的距离为____mm。

6—2—2　在组合体的视图上标注尺寸（尺寸从图中量取，取整数）（CAD：创建合适的标注样式，在给出的CAD三视图上标注尺寸）

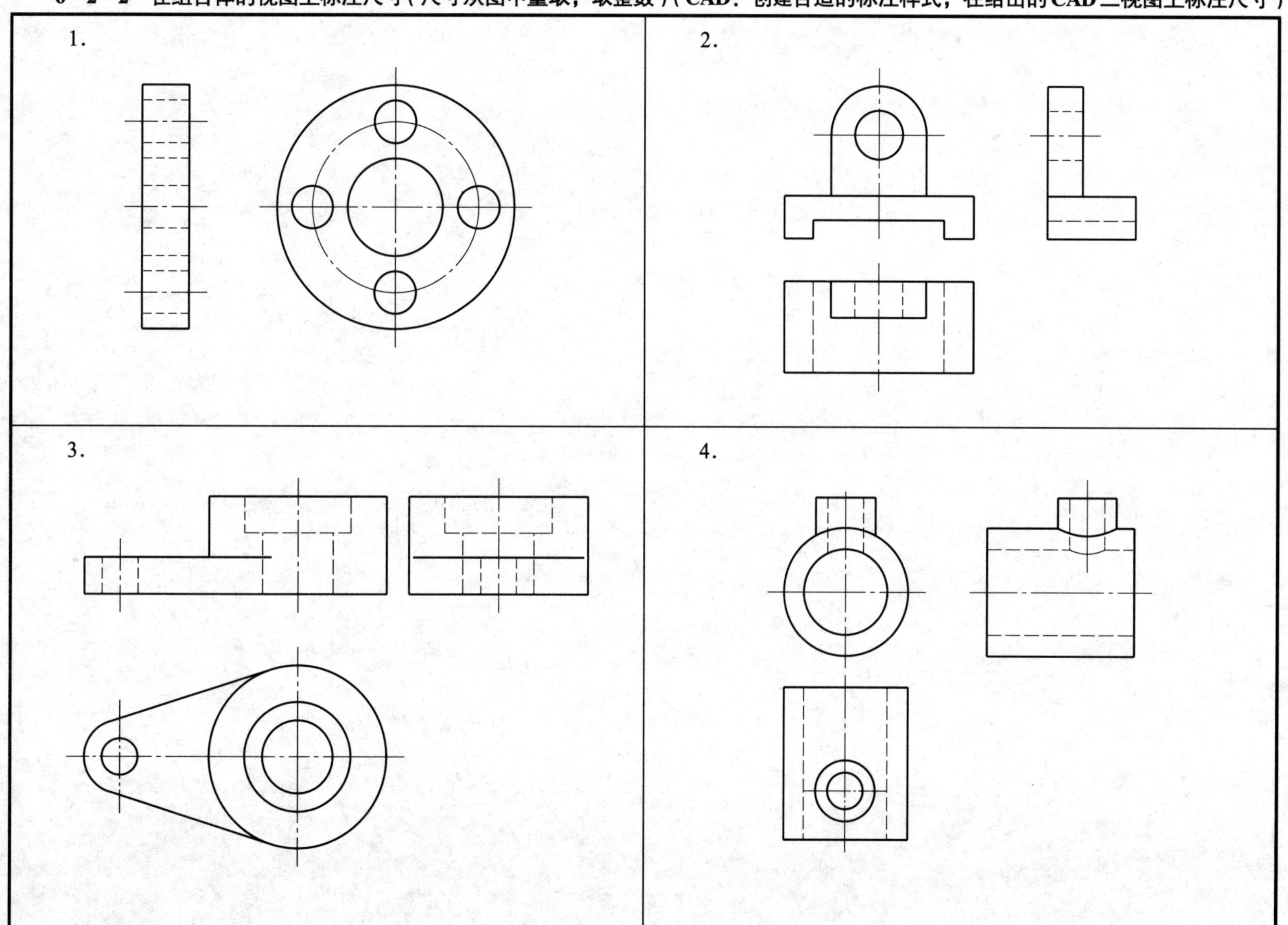

6—2—3　读懂两视图，标注漏注的尺寸（尺寸从图中量取，取整数）（**CAD**：创建合适的标注样式，在给出的 **CAD** 三视图上标注尺寸）

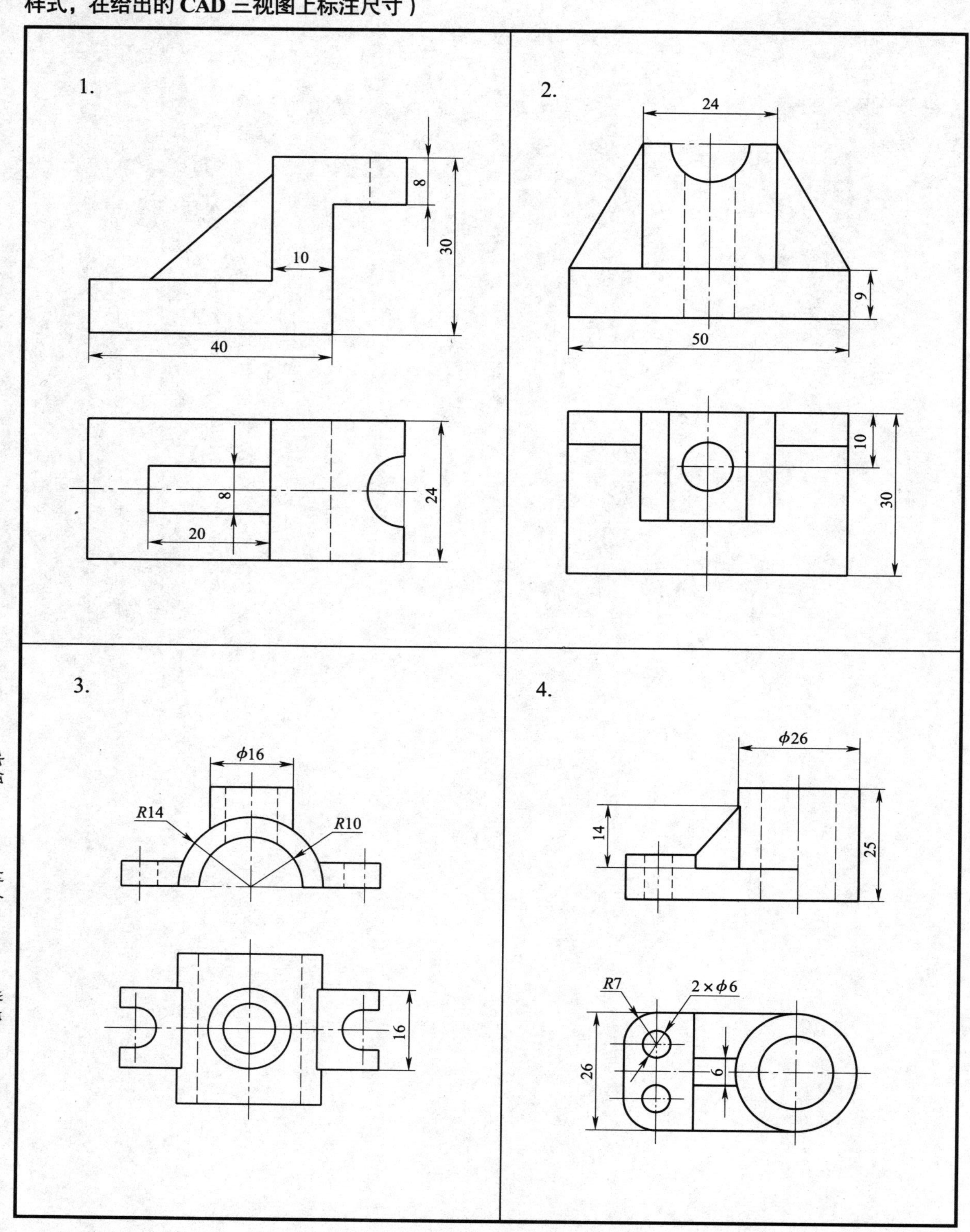

6—2—3 补画两视图，标注漏注的尺寸（尺寸从图中量取，取整数）（CAD：创建合适的标注样式，在绘出的 CAD 三视图上标注尺寸）

6—3—1　根据主、俯视图，补画左视图（CAD：绘制下列物体的三维图，并由三维图生成二维图）

1.

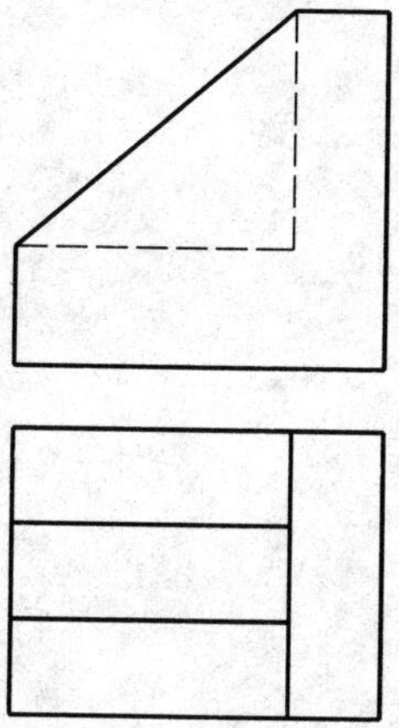

2.

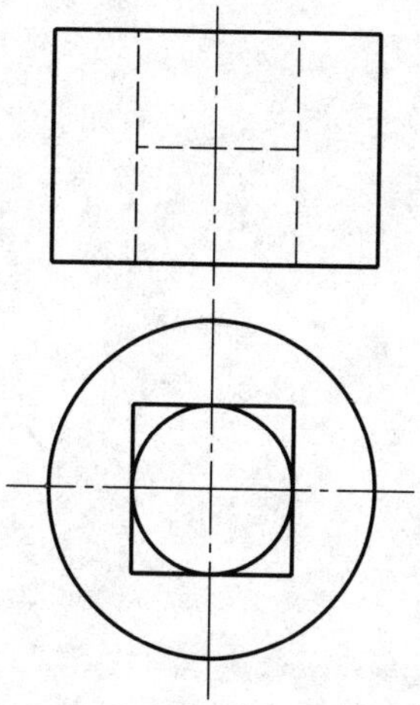

3.

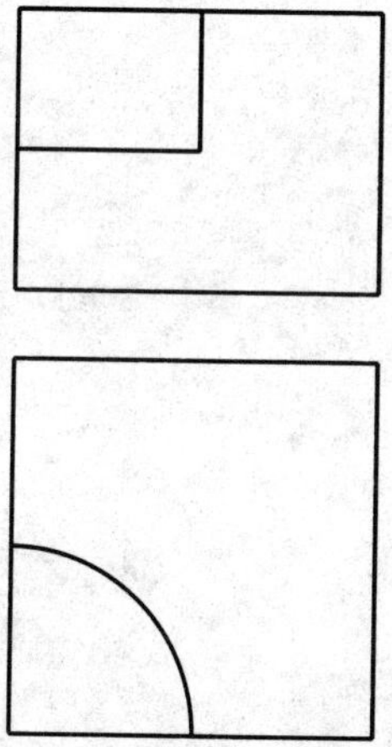

4.

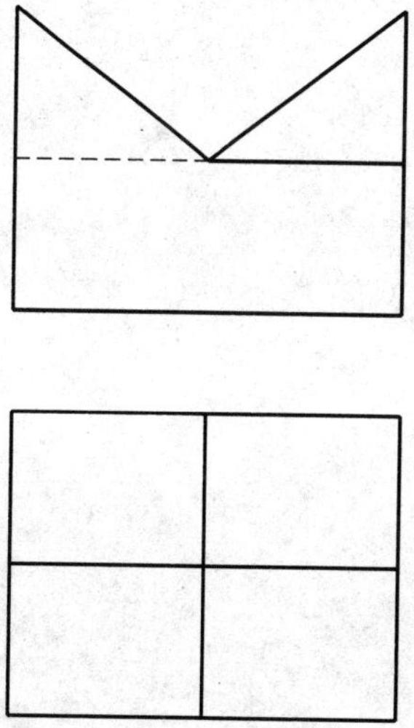

6—3—1 根据主、俯视图，补画左视图（CAD：绘制下列物体的三维图，并由三维图生成二维图）

6—3—2　根据两视图，补画第三视图（CAD：绘制下列物体的三维图，并由三维图生成二维图）

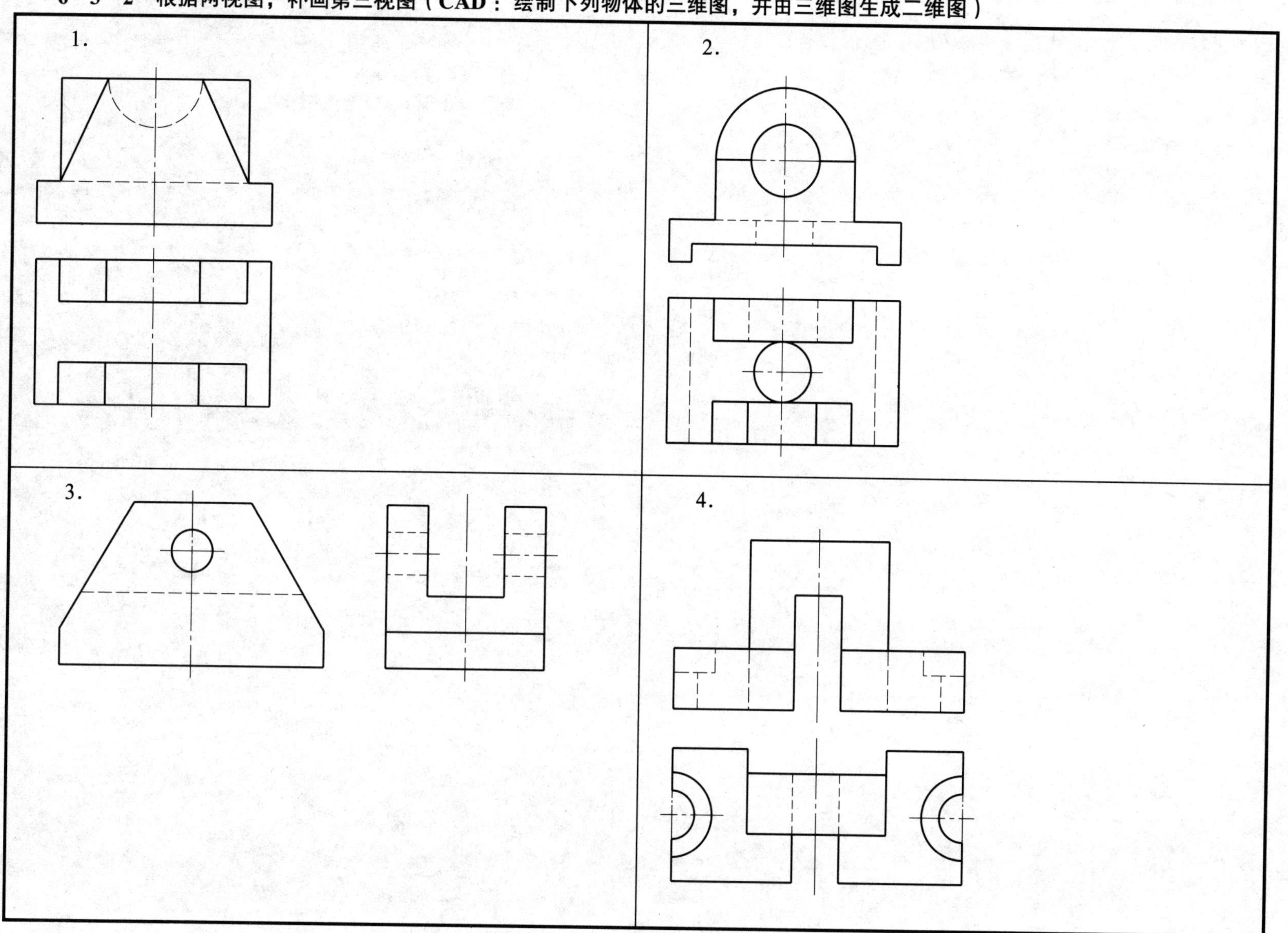

6—3—3 根据两视图，补画第三视图（CAD：绘制下列物体的三维图，并由三维图生成二维图）

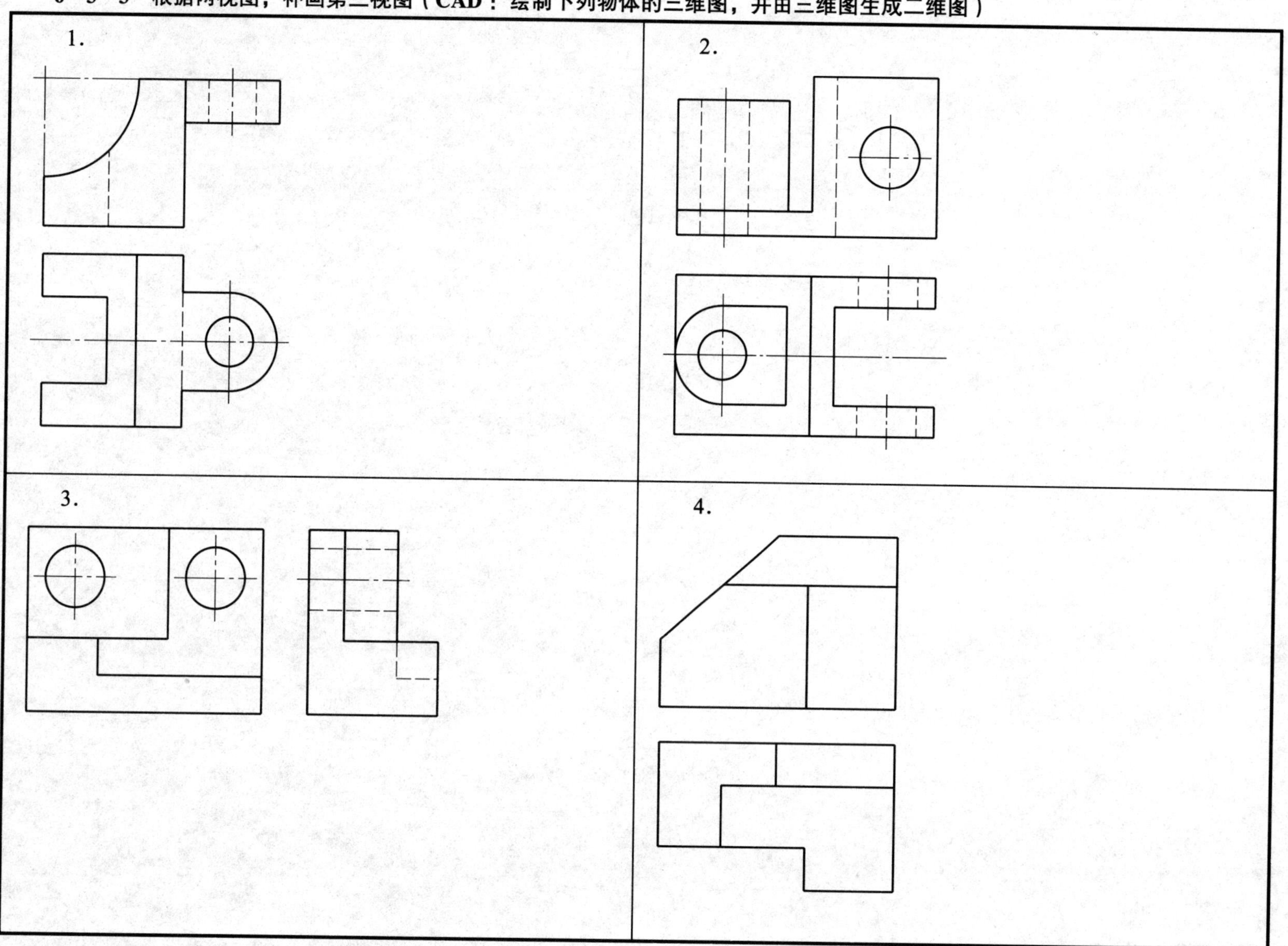

6—3—4　根据两视图，补画第三视图（**CAD**：绘制下列物体的三维图，并由三维图生成二维图）

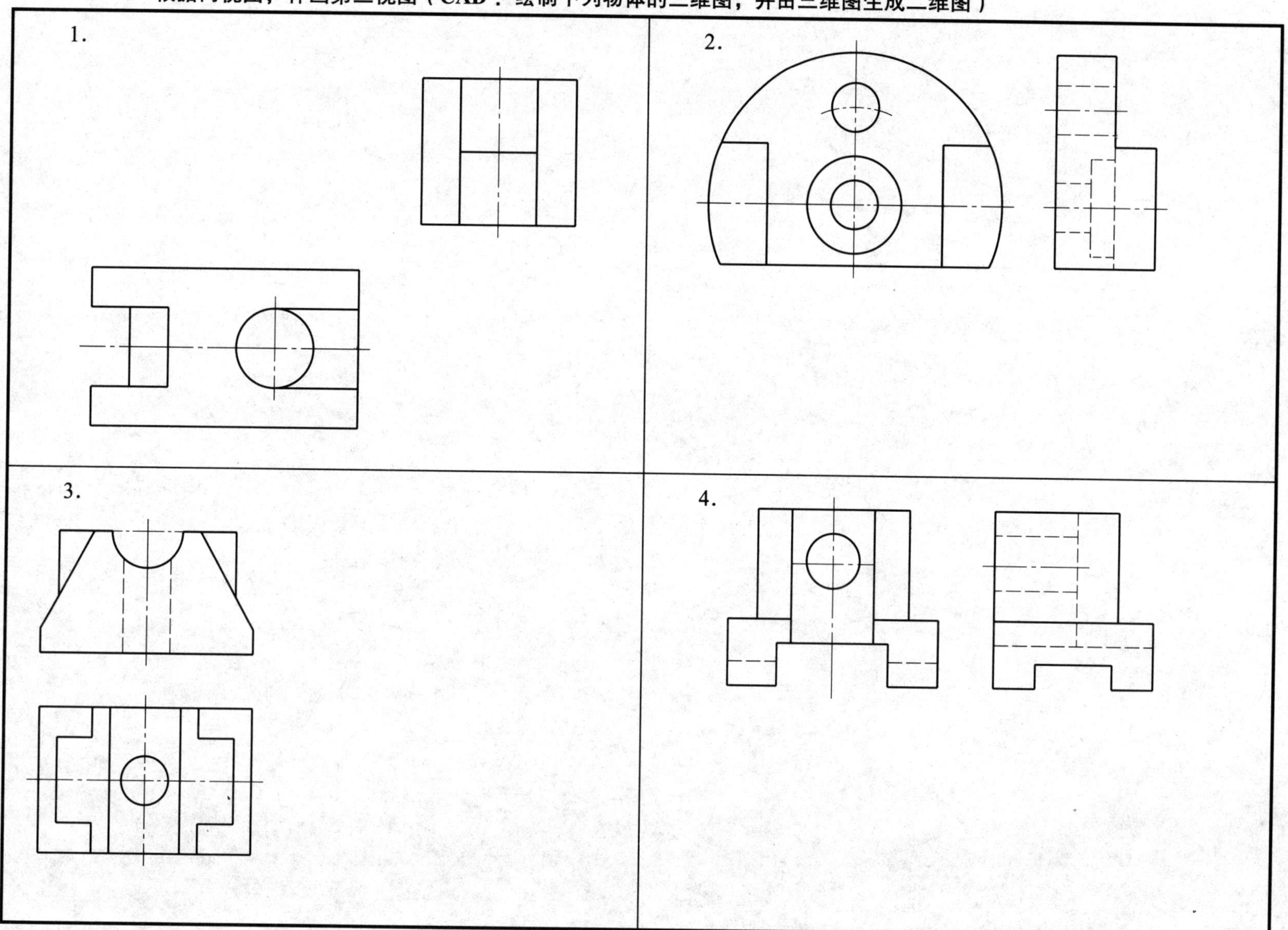

6—3—5　补画三视图中所缺图线（CAD：绘制下列物体的三维图，并由三维图生成二维图）

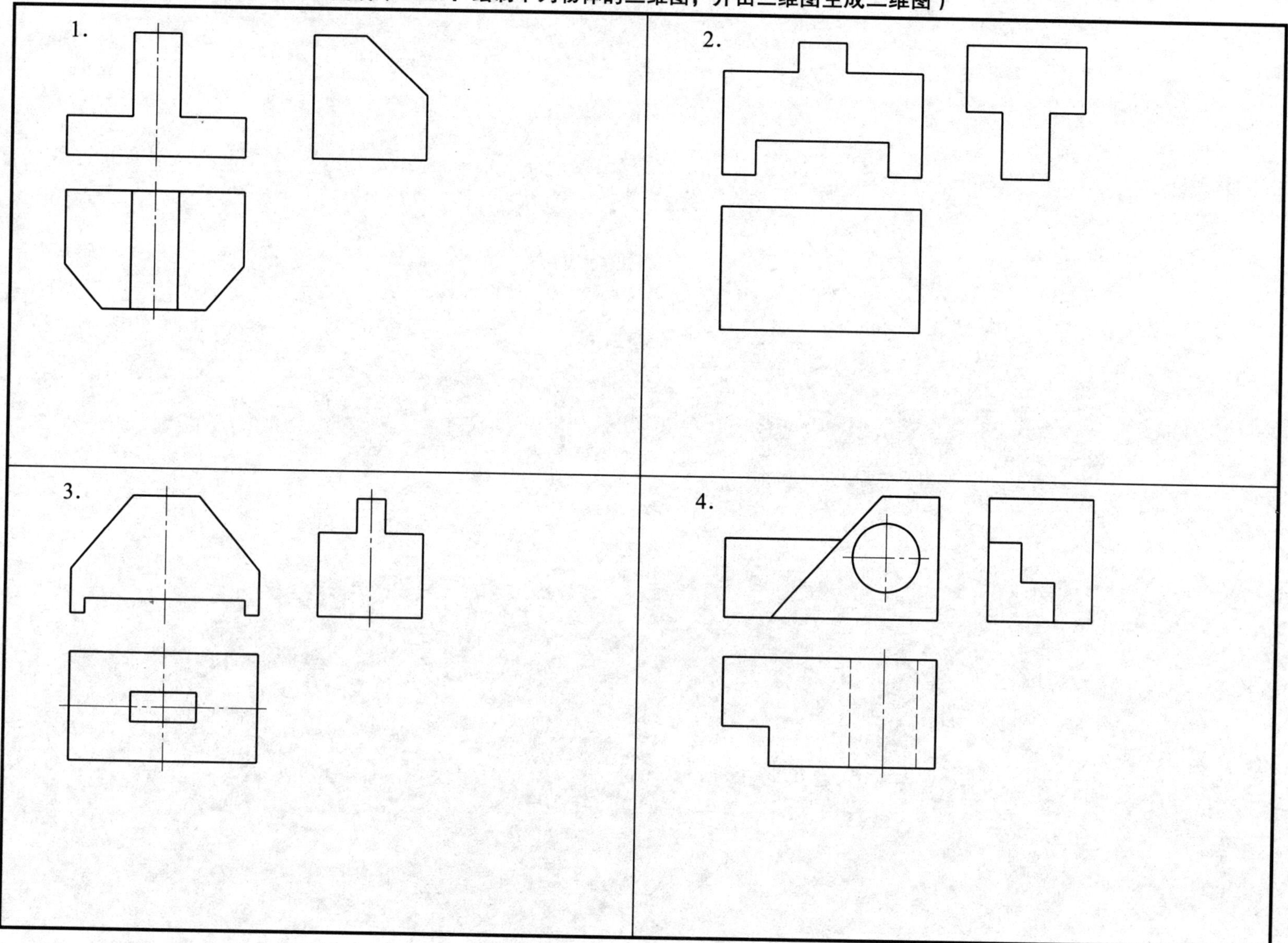

班级　　　　姓名　　　　学号

6—3—6　补画三视图中所缺图线（CAD：绘制下列物体的三维图，并由三维图生成二维图）

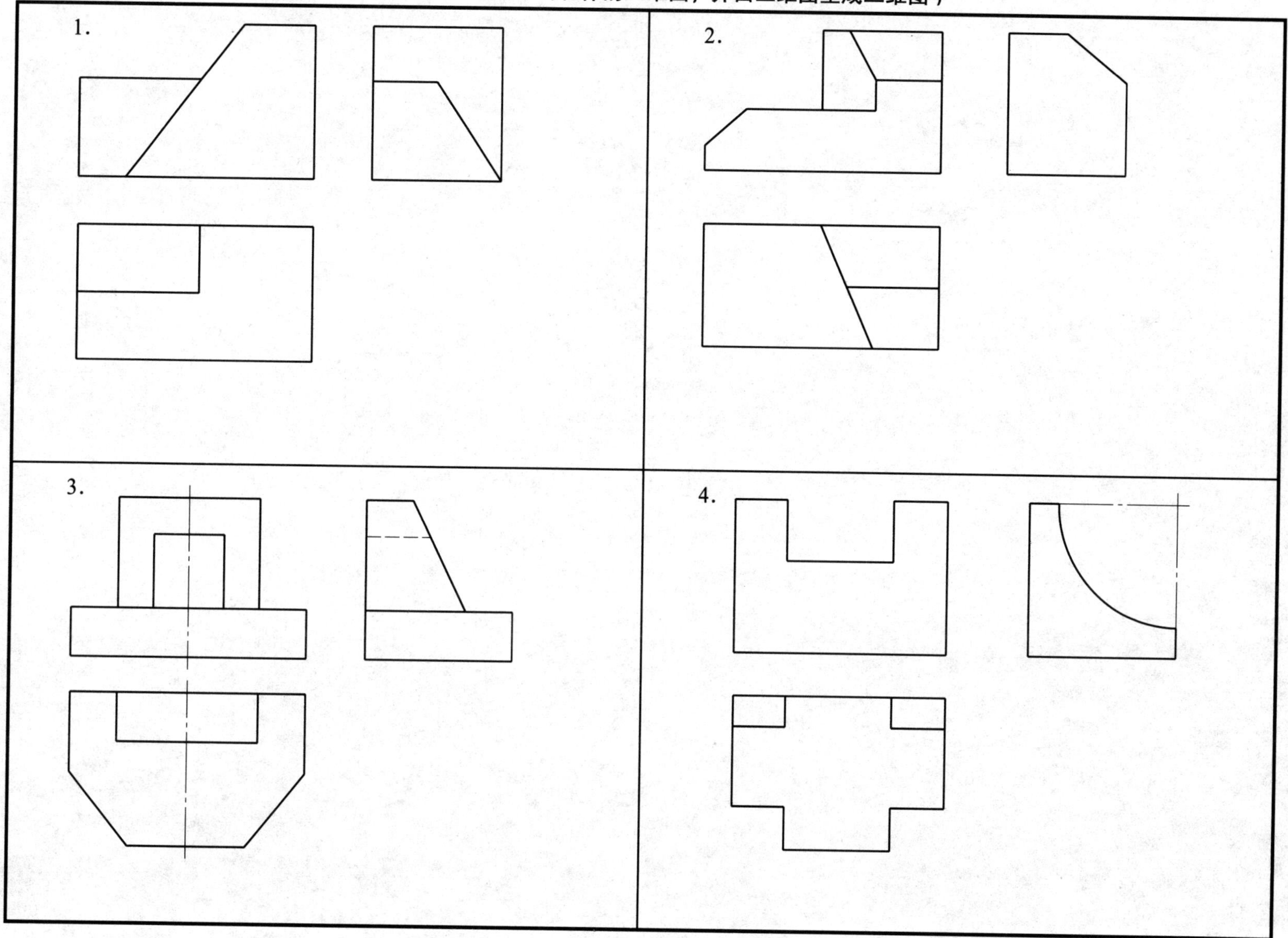

6—3—6 补画三视图中所缺图线（CAD）；绘制下列物体的三维图，并由三维图生成二维图

6—3—7　补画三视图中所缺图线（CAD：绘制下列物体的三维图，并由三维图生成二维图）

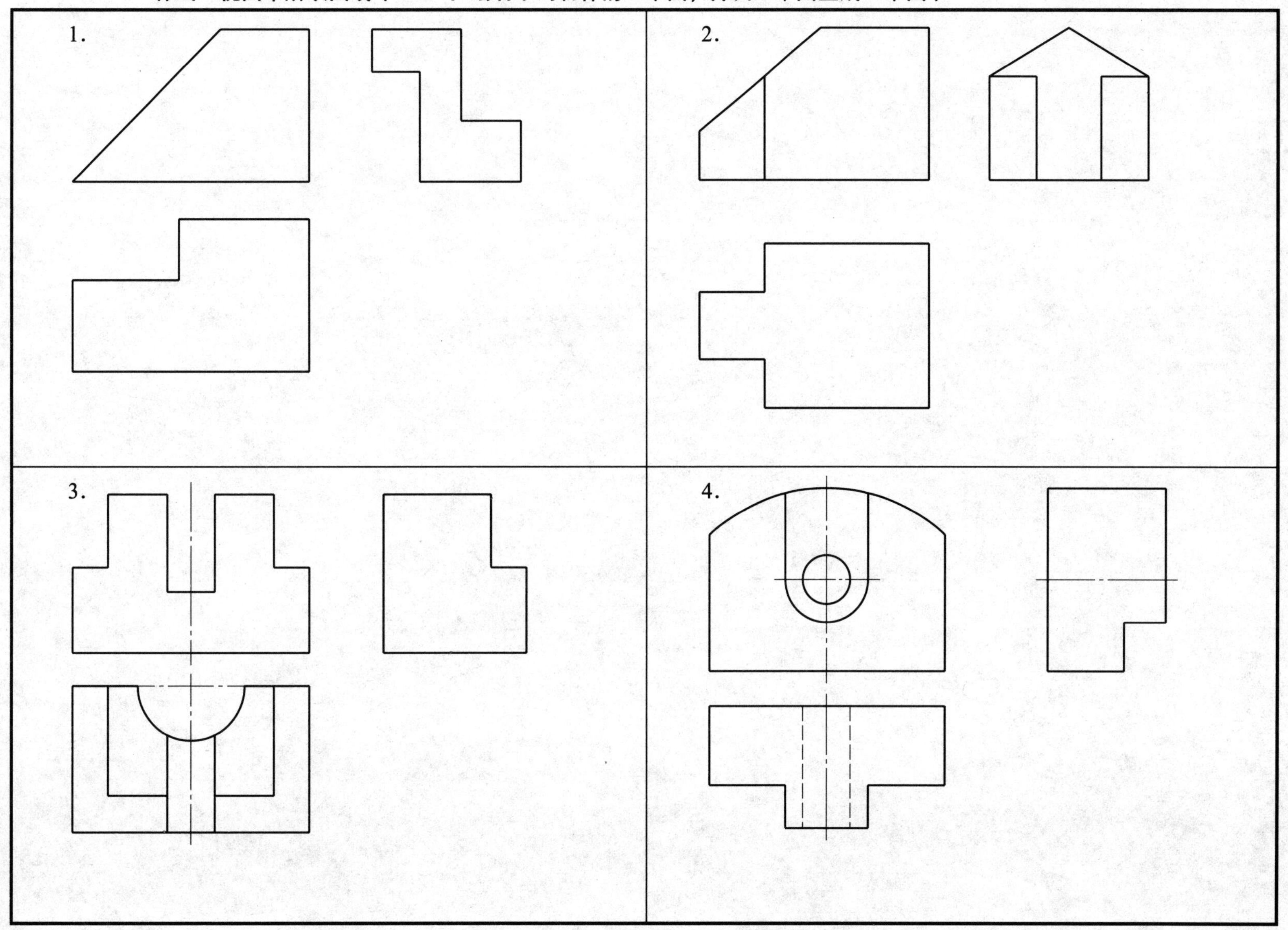

模块七　机械图样的基本表达方法

7—1—1　根据已知视图，按要求绘制其他视图（CAD：绘制下列物体的三维图，用轮廓命令由三维图生成二维图）

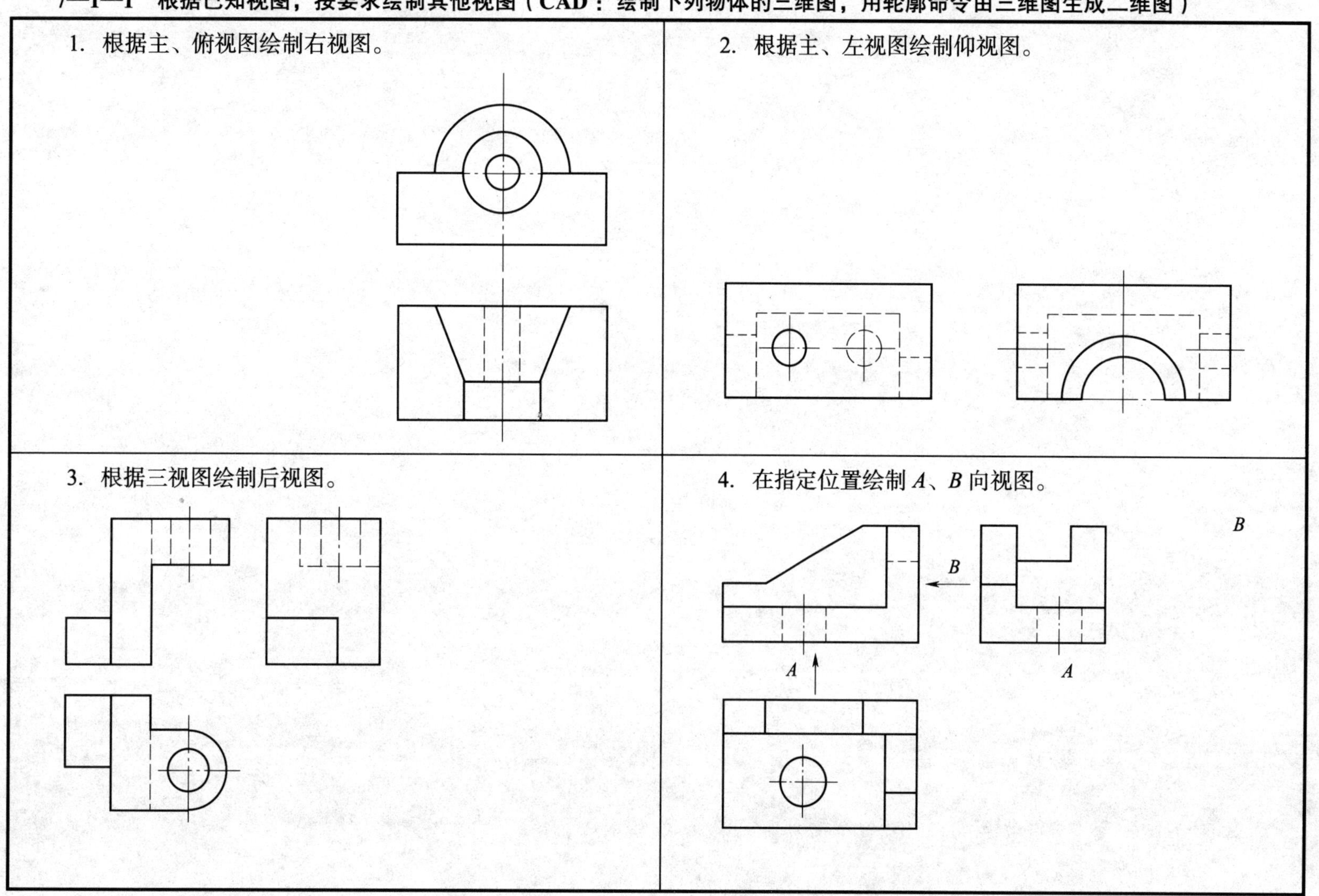

7—1—2　绘制局部视图和斜视图（CAD：绘制下列物体的三维图，用图形命令由三维图生成二维图）

1．参照立体图补画局部视图和斜视图，并进行标注。

2．在指定位置画出斜视图和局部视图。

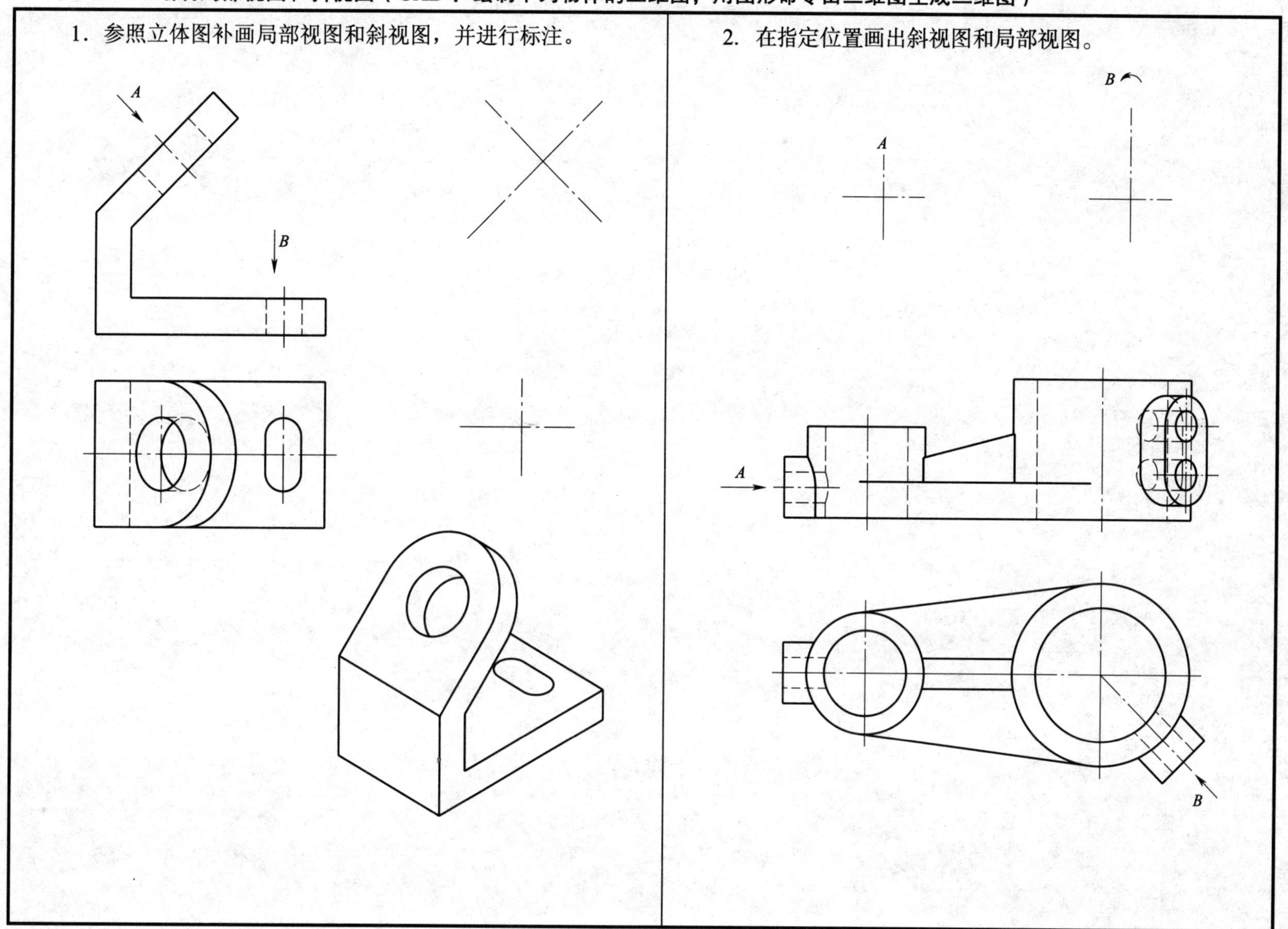

7—2—1　在剖视图中，补画漏画的图线或去掉多余的图线（用“×”表示）

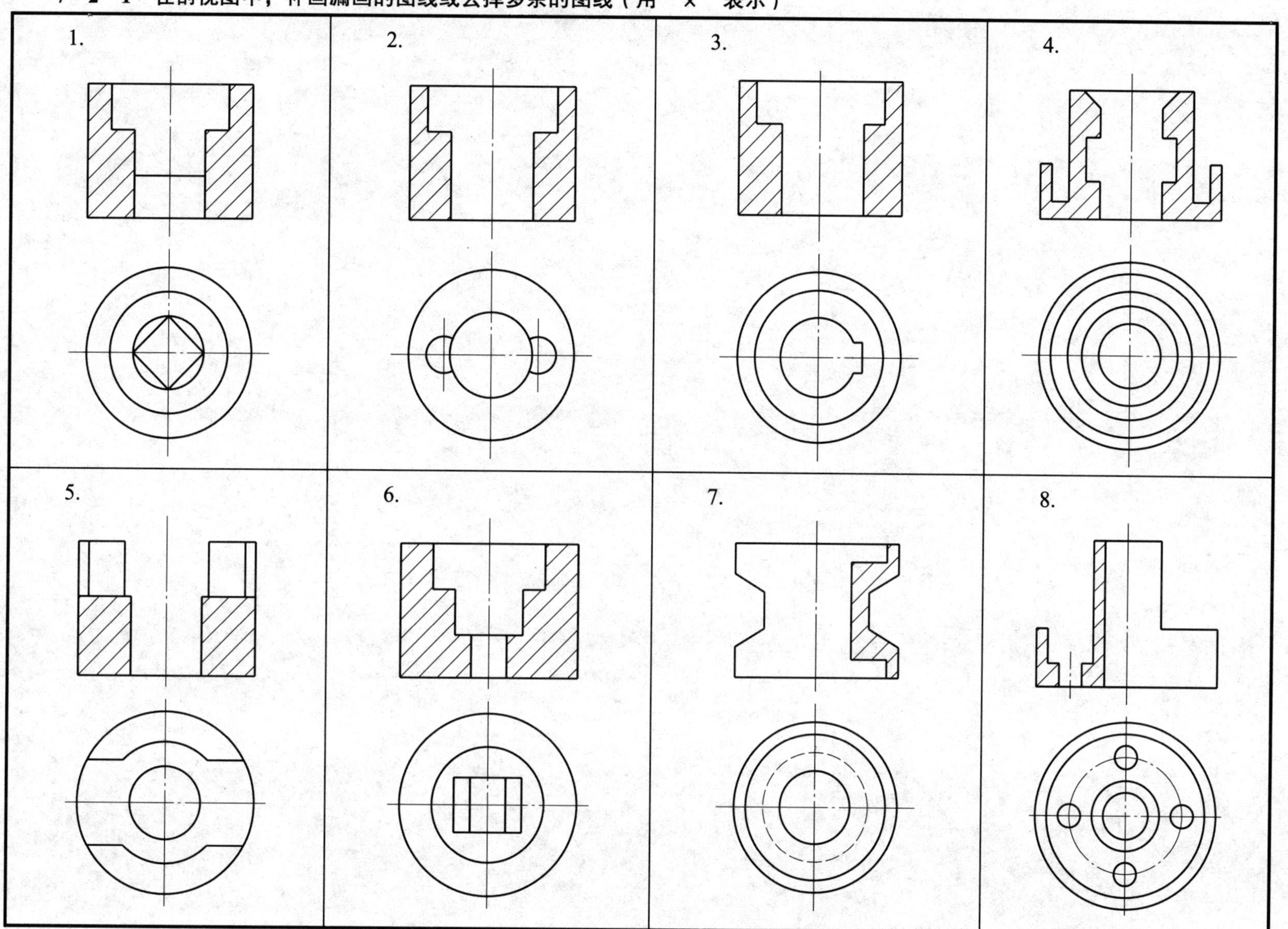

7-2-1 在剖视图中，补画漏画的图线或去掉多余的图线（用"×"表示）

7—2—2　在指定位置将零件的主视图改画成全剖视图（CAD：绘制下列物体的主视图的全剖视图）

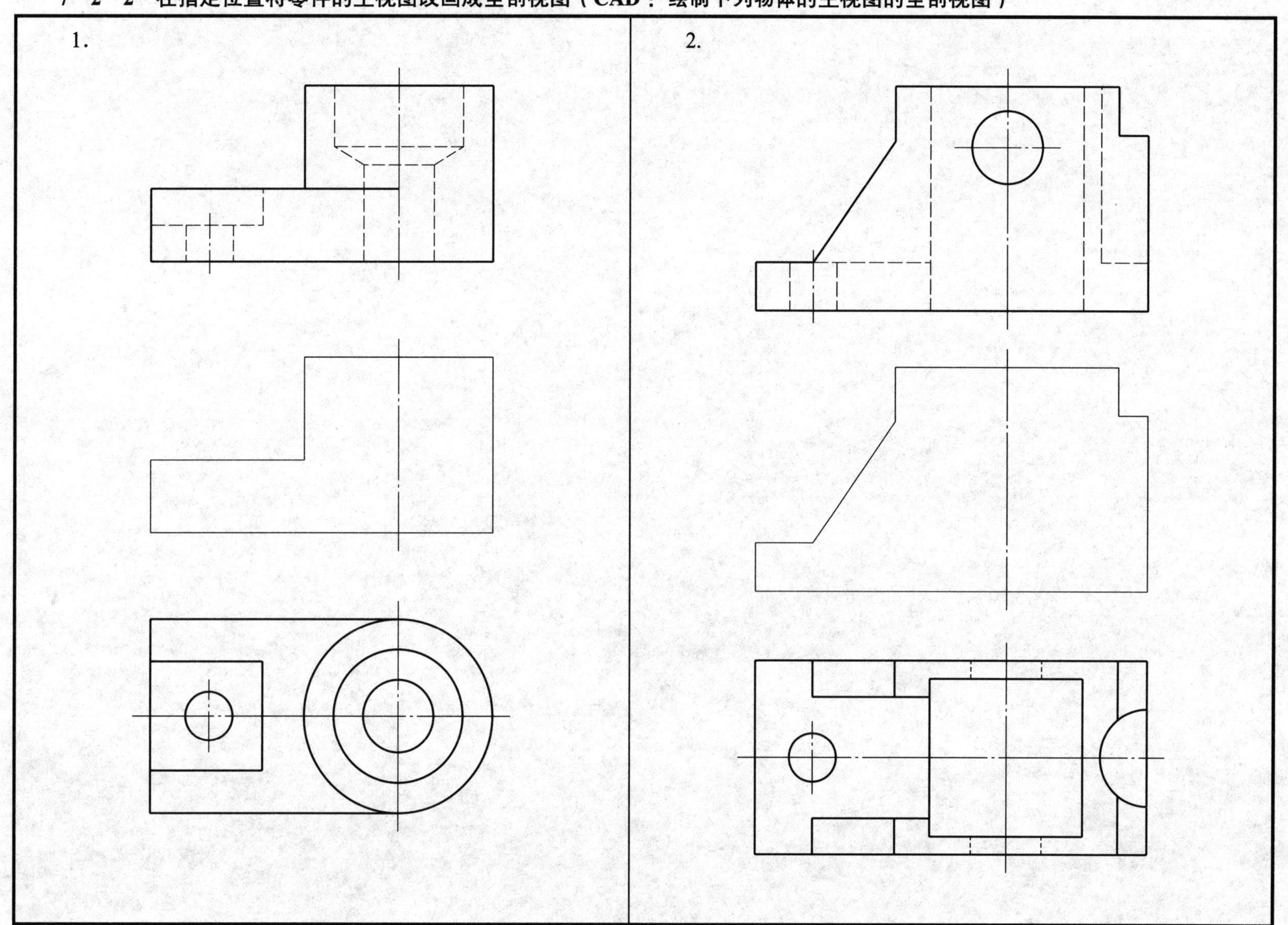

班级　　　姓名　　　学号

7—2—3 在指定位置将零件的主视图改画成半剖视图（CAD：绘制下列物体的主视图的半剖视图）

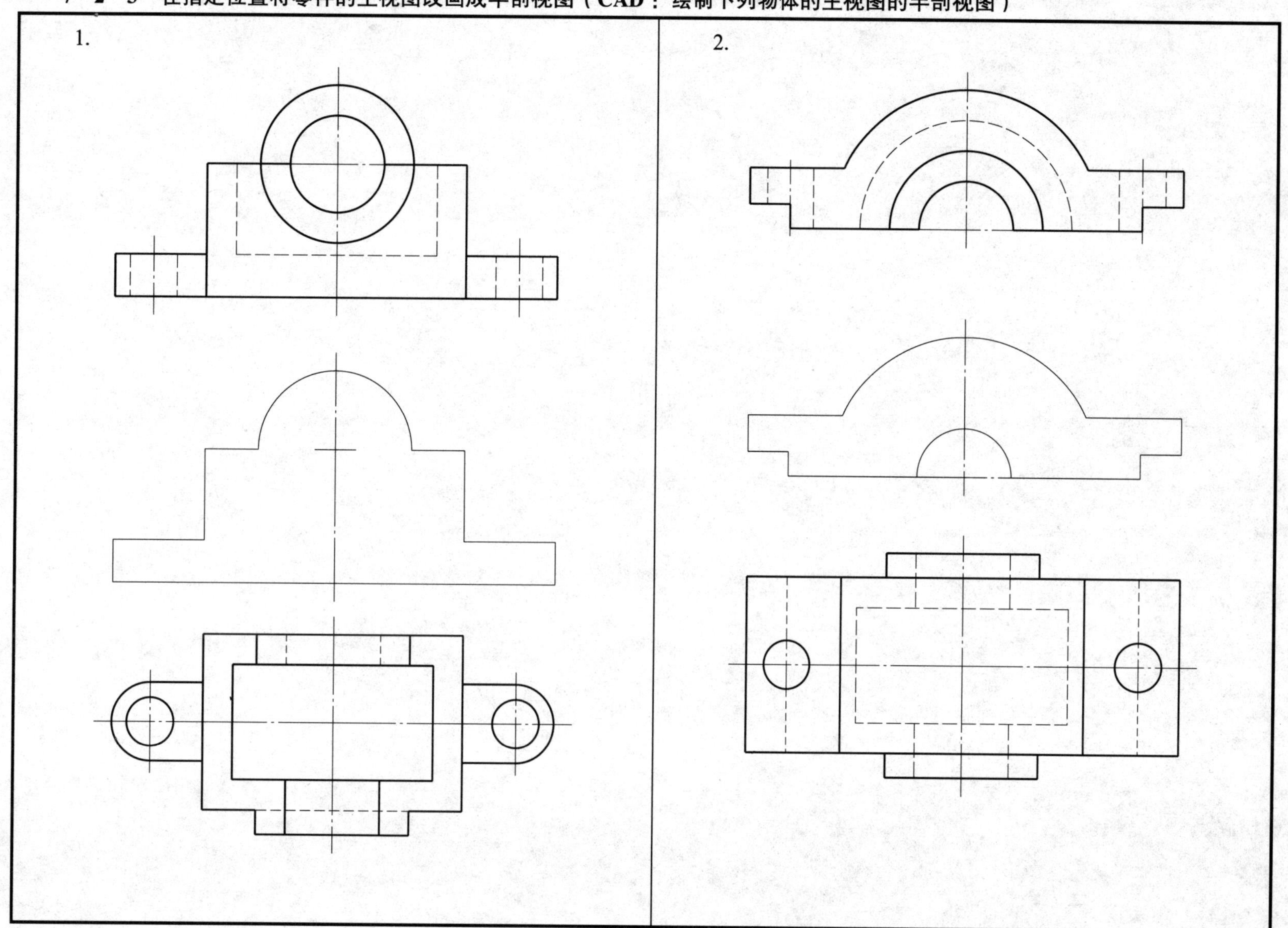

7—2—4　在指定位置将零件的主视图改画成半剖视图，并补画全剖的左视图

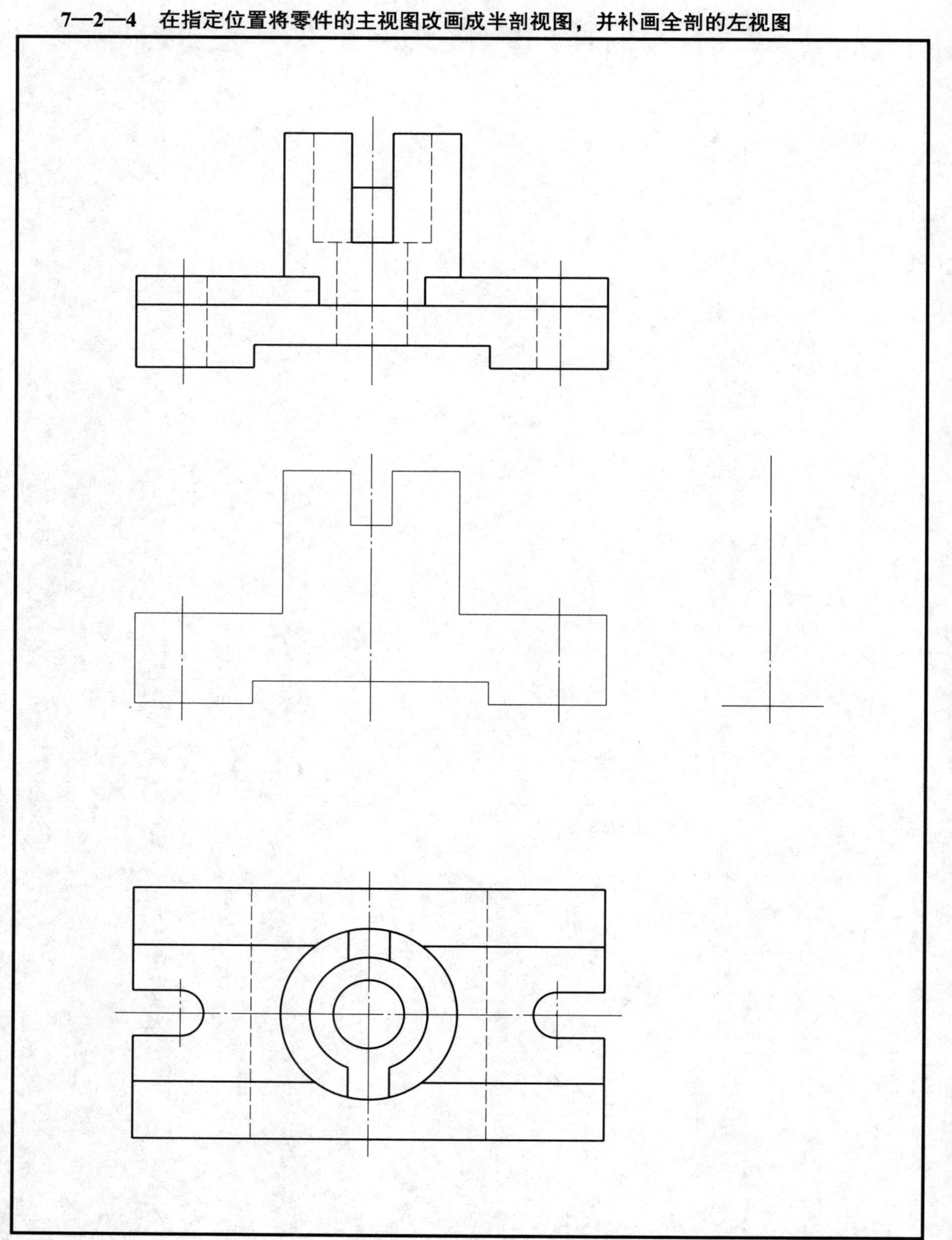

7—2—5 绘制局部剖视图（CAD：绘制下列物体的局部剖视图）

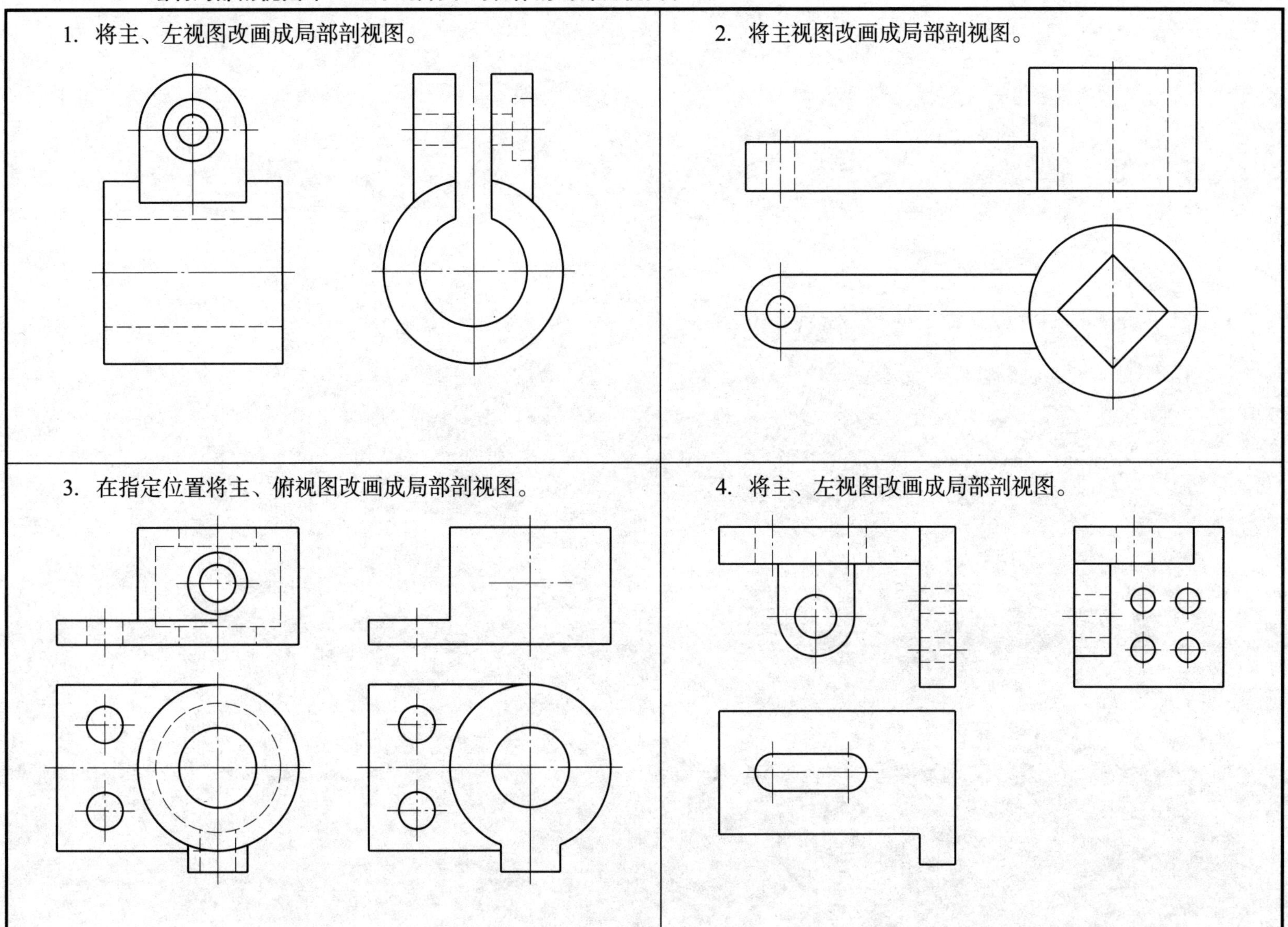

班级　　　姓名　　　学号

7—2—6　绘制全剖视图（CAD：绘制下列物体的全剖视图）

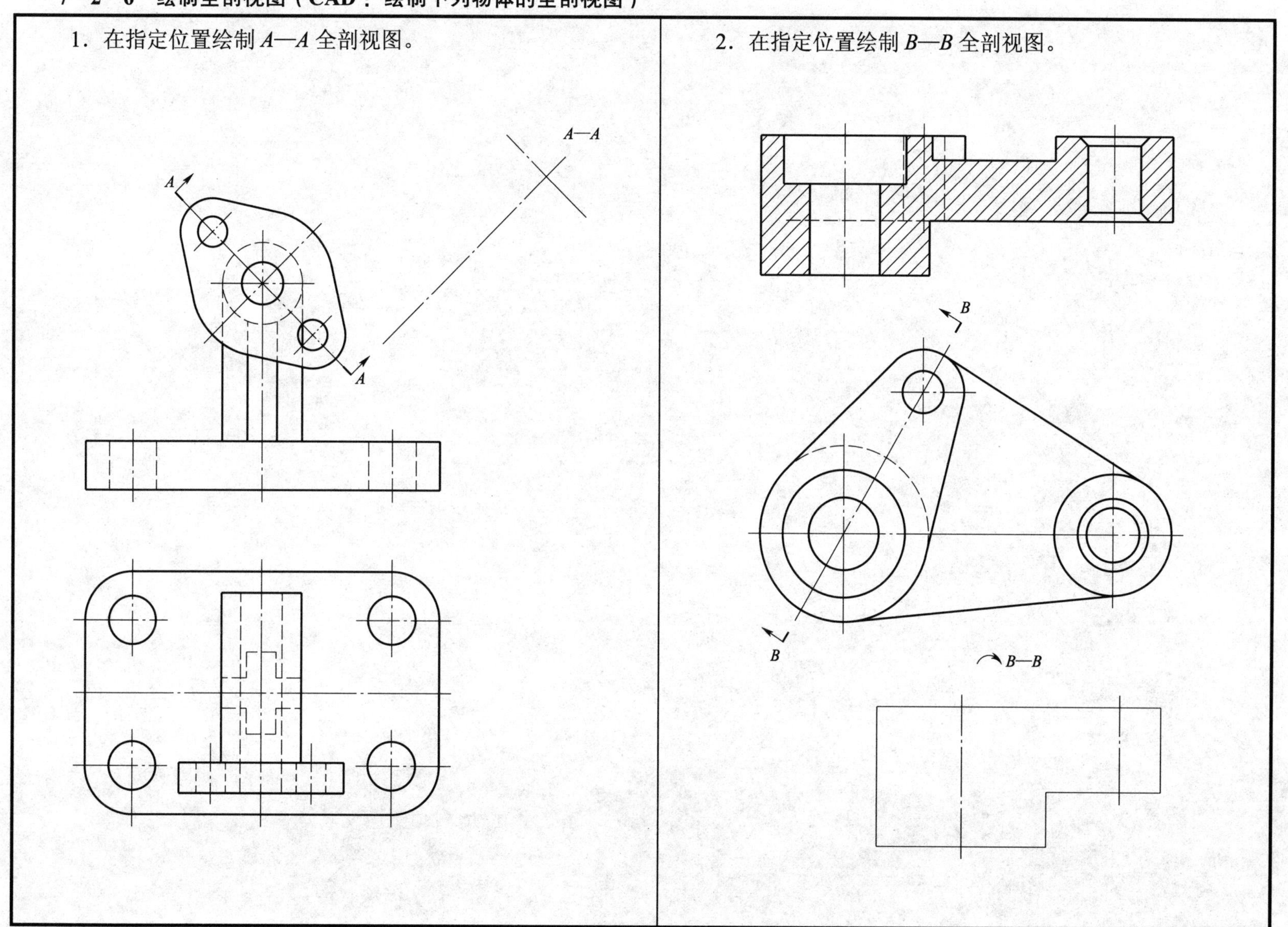

7—2—7　在指定位置将主视图改画成几个平行剖切平面剖切的全剖视图（CAD：绘制下列物体的几个平行剖切平面剖切的全剖视图）

1.

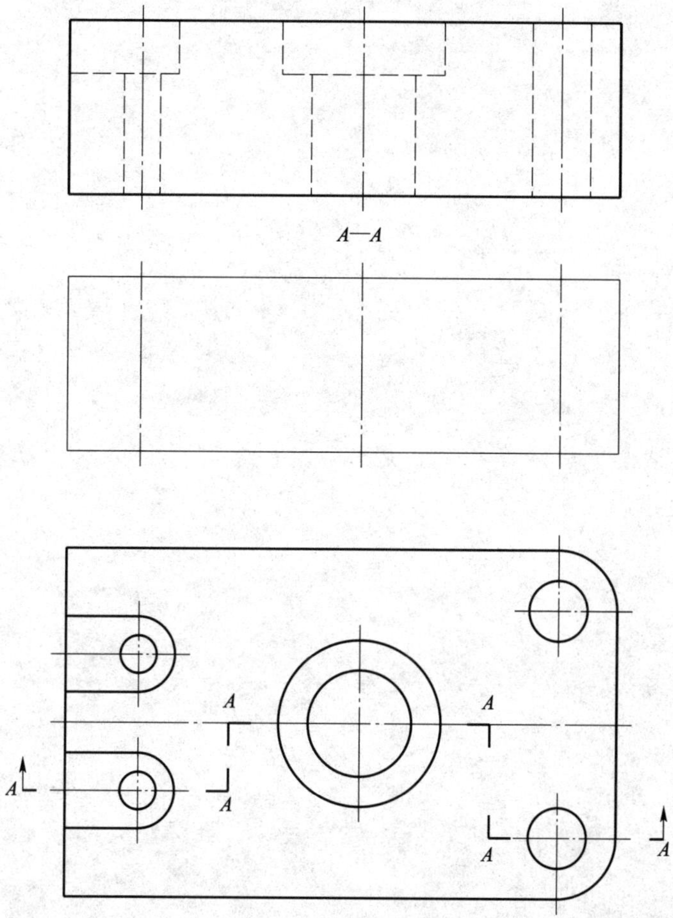

A—A

A A A A A A

2.

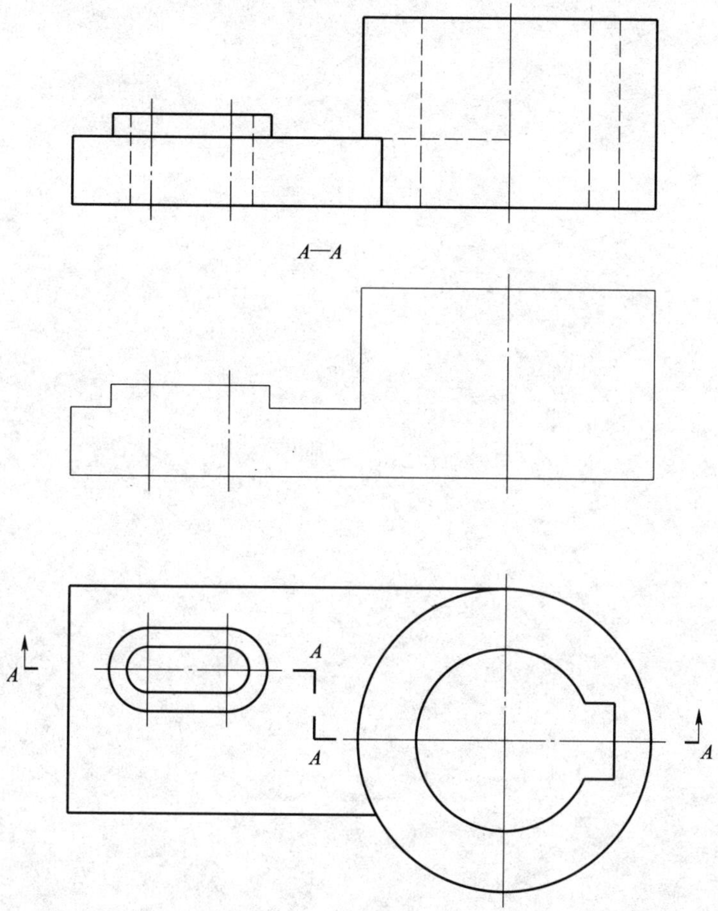

A—A

A A A A

7—2—8　在指定位置将主视图改画成两个相交剖切平面剖切的全剖视图（CAD：绘制下列物体的两个相交剖切平面剖切的全剖视图）

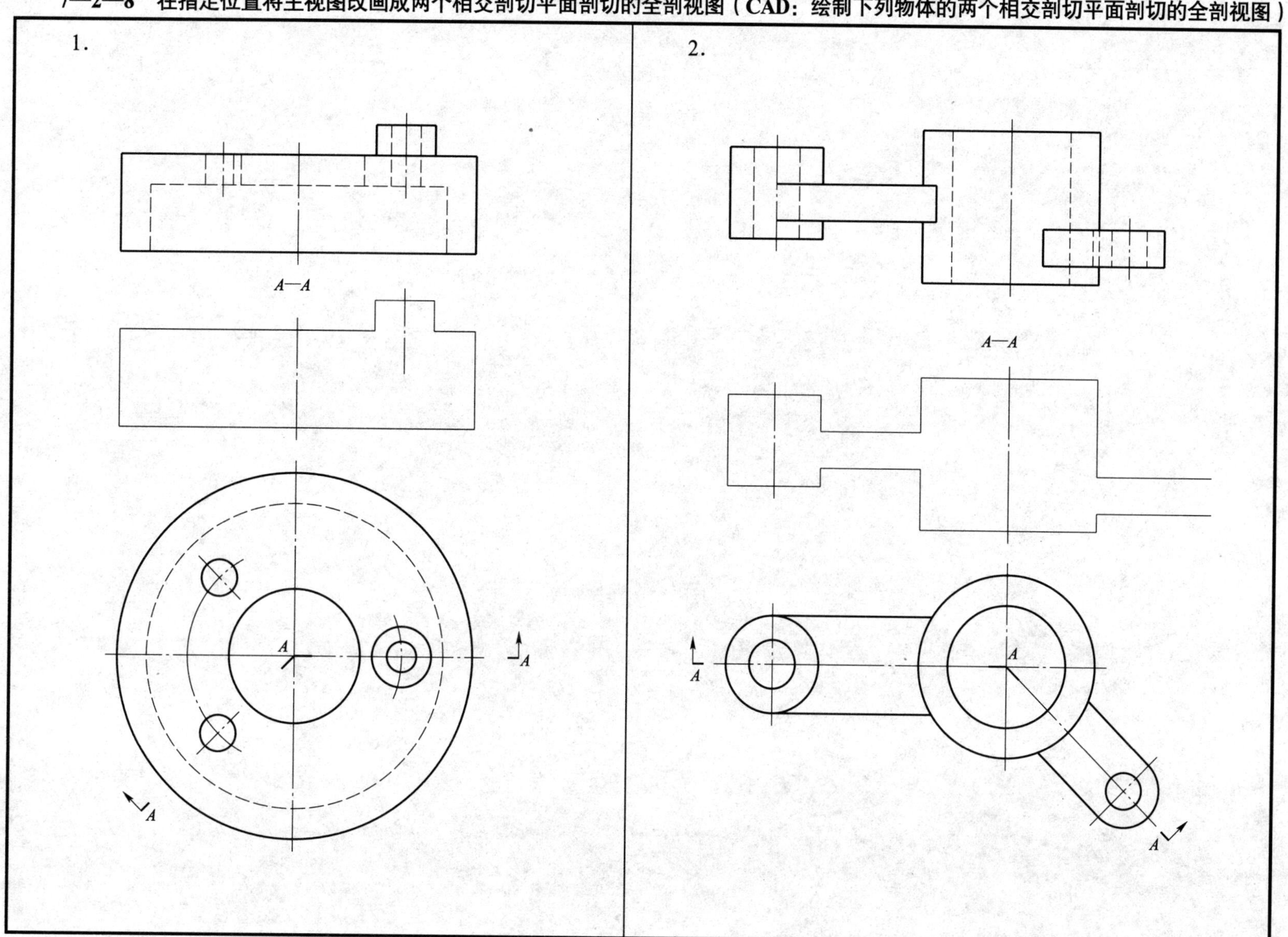

班级　　　　姓名　　　　学号

二—1—8　在指定位置将主视图改画成两个相交剖切平面剖切的全剖视图（CAD：绘制下列物体的两个相交剖切平面剖切的全剖视图）

7—3—1　参照立体图，画出指定位置的移出断面图（CAD：绘制下列物体的移出断面图）

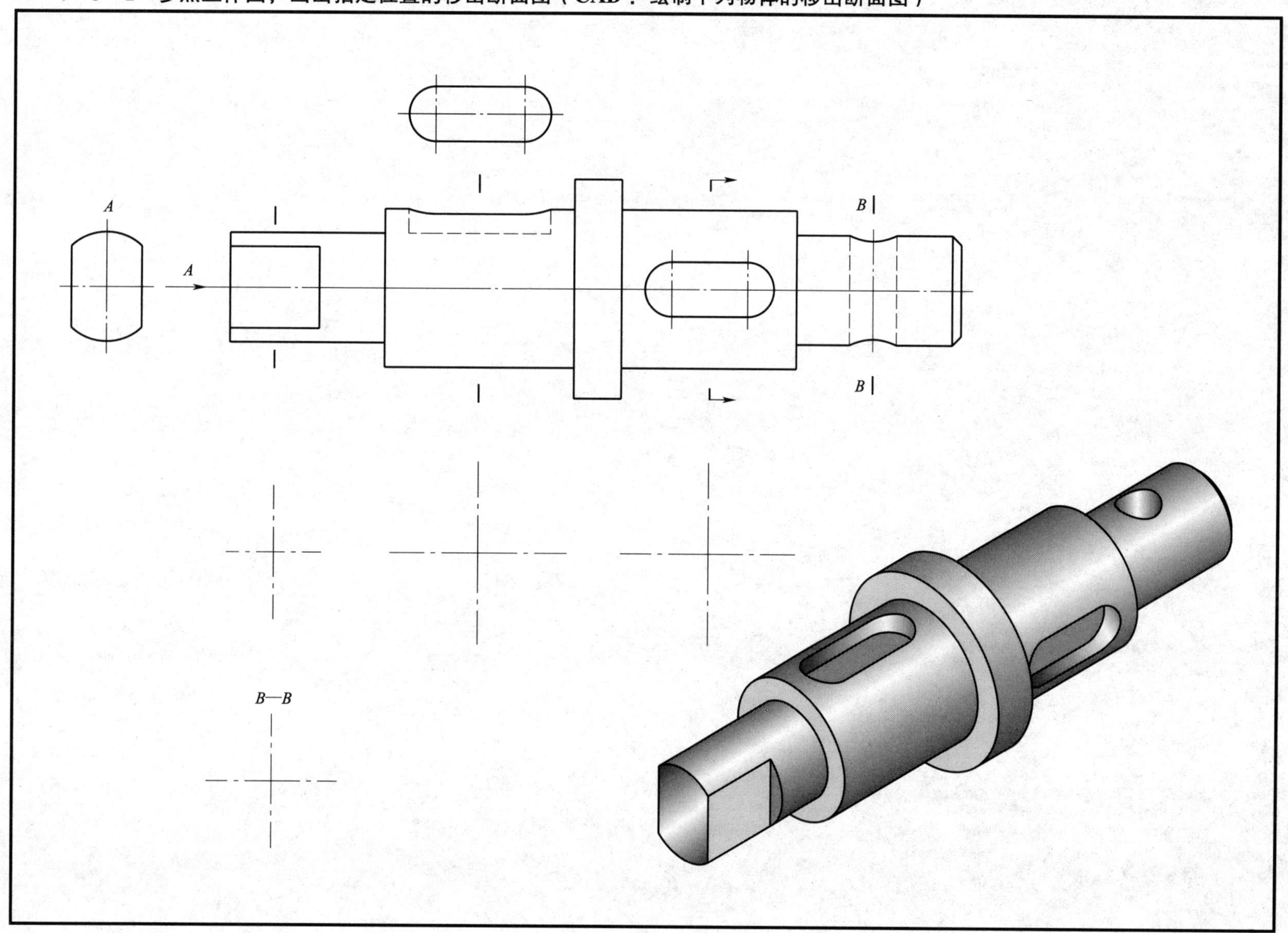

班级　　　　姓名　　　　学号

7—3—2　绘制重合断面图（CAD：绘制下列物体的重合断面图）

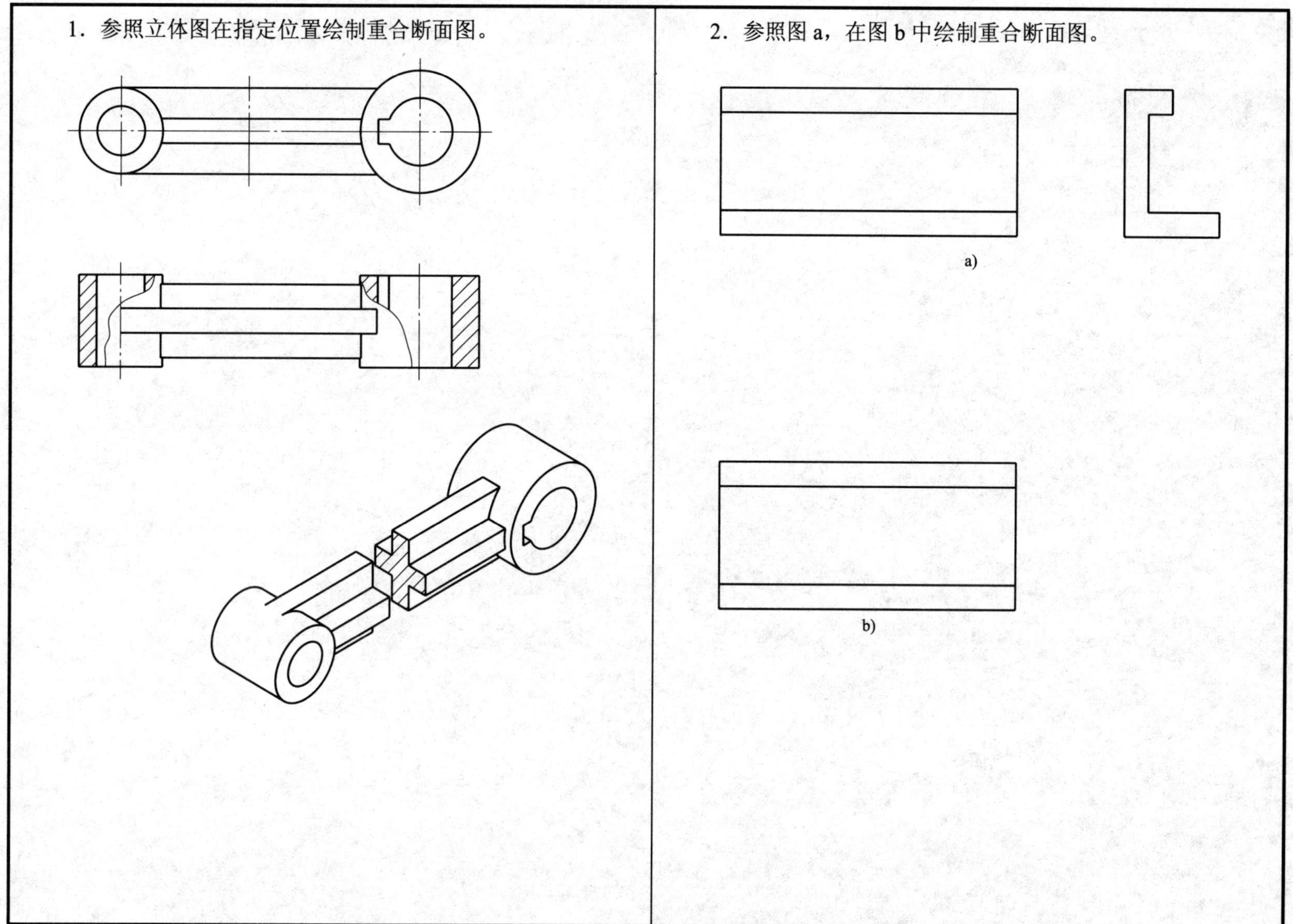

7—4—1　在指定位置绘制全剖视图（采用简化画法）（CAD：在指定位置绘制下列物体的全剖视图）

1.

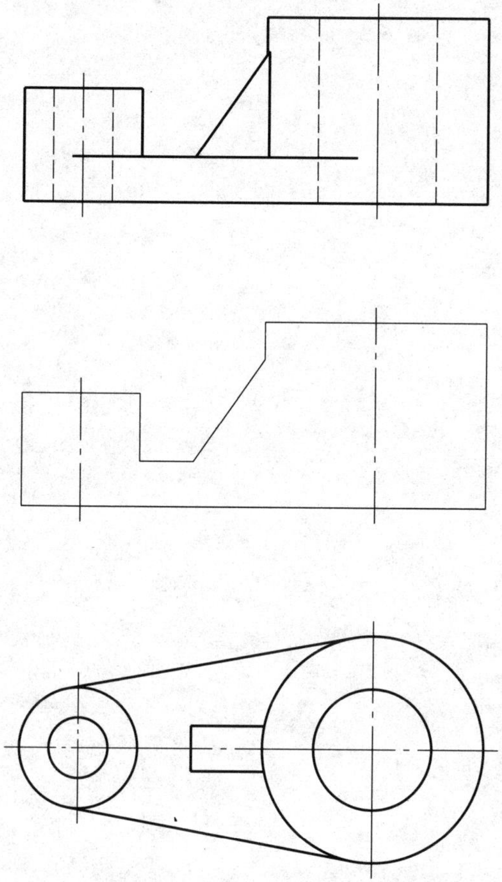

2.

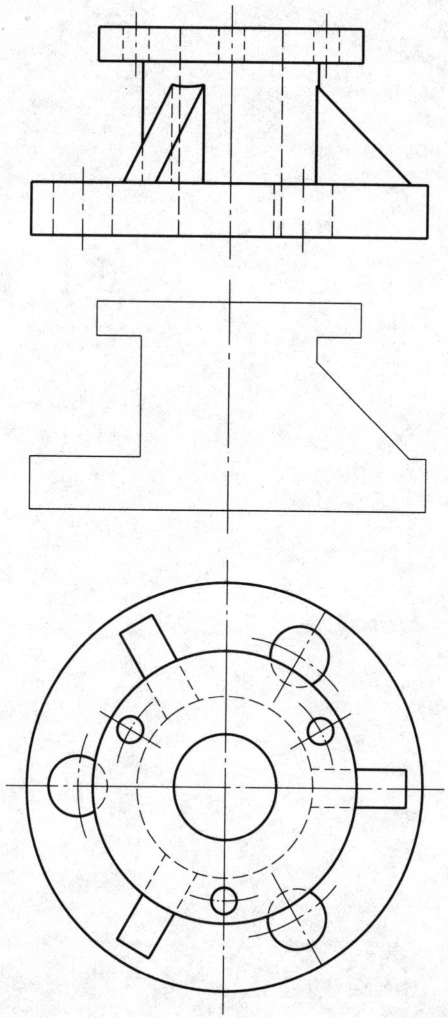

模块八　标准件与常用件

8—1—1　分析螺纹画法中的错误，并在指定位置画出其正确的图形

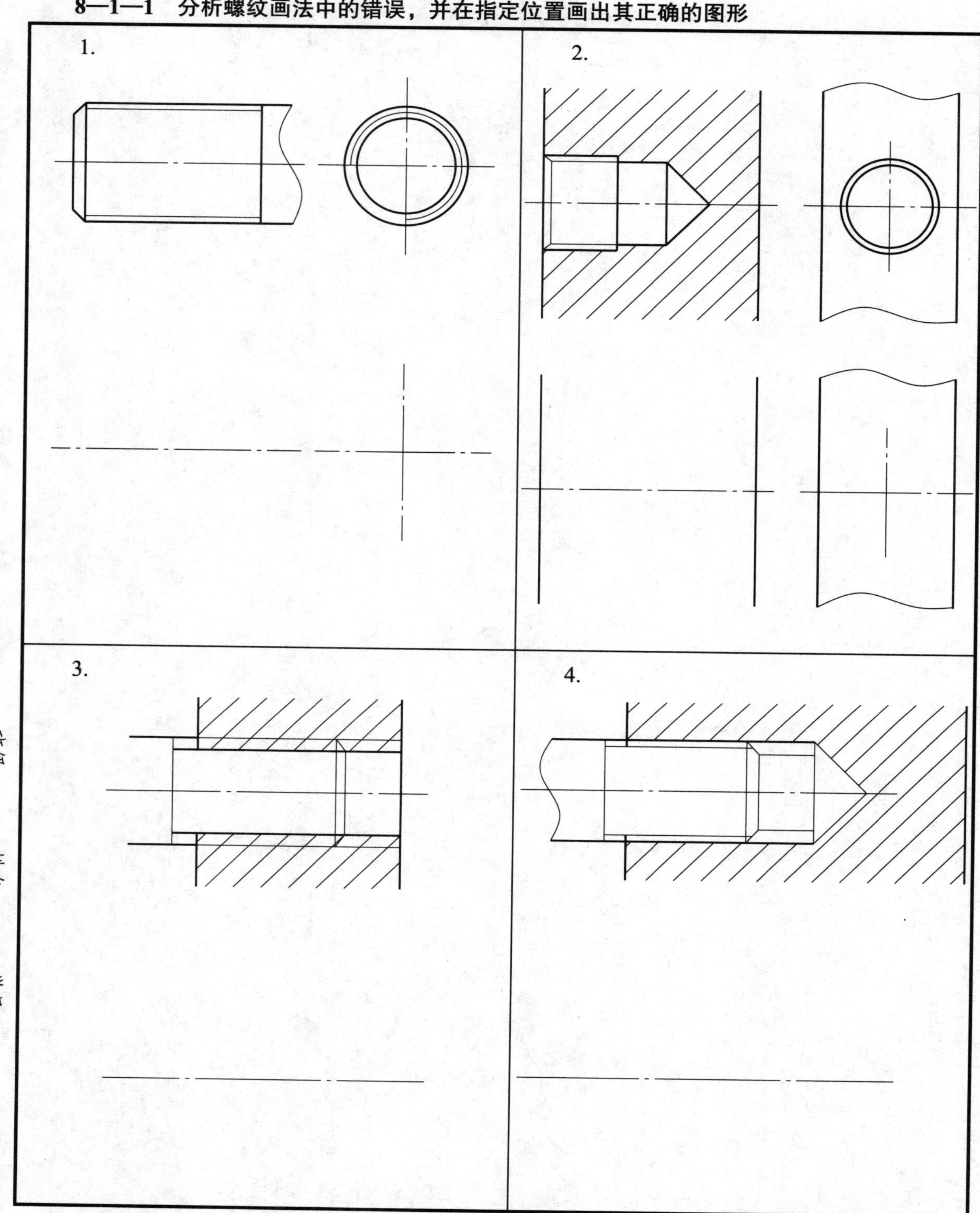

8—1—2　螺纹的图样标注

1. 填表说明螺纹标记的含义。

（1）

螺纹标记	螺纹种类	公称直径	螺距	导程	线数	旋向	公差带代号
M20							
M16×1—5g6g—L							
M24—LH							
B32×6LH—7e							
Tr48×16（P8）—8H							

（2）

螺纹标记	螺纹种类	尺寸代号	螺距	旋向	公差等级
G1A					
$R_1 1/2$					
$R_c 1$—LH					
$R_p 2$					

2. 根据给定的螺纹要素，在图上进行标注。

（1）粗牙普通螺纹，公称直径 30 mm，螺距 3.5 mm，右旋，中径公差带为 5g，顶径公差带为 6g，中等旋合长度。

（2）细牙普通螺纹，公称直径 24 mm，螺距 2 mm，左旋，中径和顶径公差带均为 6H，长旋合长度。

（3）梯形螺纹，公称直径 26 mm，螺距 8 mm，双线，右旋，中径公差代号为 8H，中等旋合长度。

（4）55° 非密封管螺纹，尺寸代号为 3/4，公差等级为 B 级，左旋。

班级　　　姓名　　　学号

8—1—3　根据螺纹连接件的标记，查表获得有关尺寸，参照教材绘制其三视图（CAD：用扫掠命令绘制螺纹连接件的三维图）

1. 根据标记“螺栓 GB/T 5782—2000　M10×45”绘制螺栓的三视图。

2. 根据标记“螺母 GB/T 6170—2000　M10”绘制螺母的三视图。

3. 根据标记“垫圈 GB/T 97.1—2002　10”绘制垫圈的两视图。

4. 根据标记“螺钉 GB/T 68—2000　M10×30”绘制螺钉的两视图。

8—1—4 补全螺栓和螺钉连接图

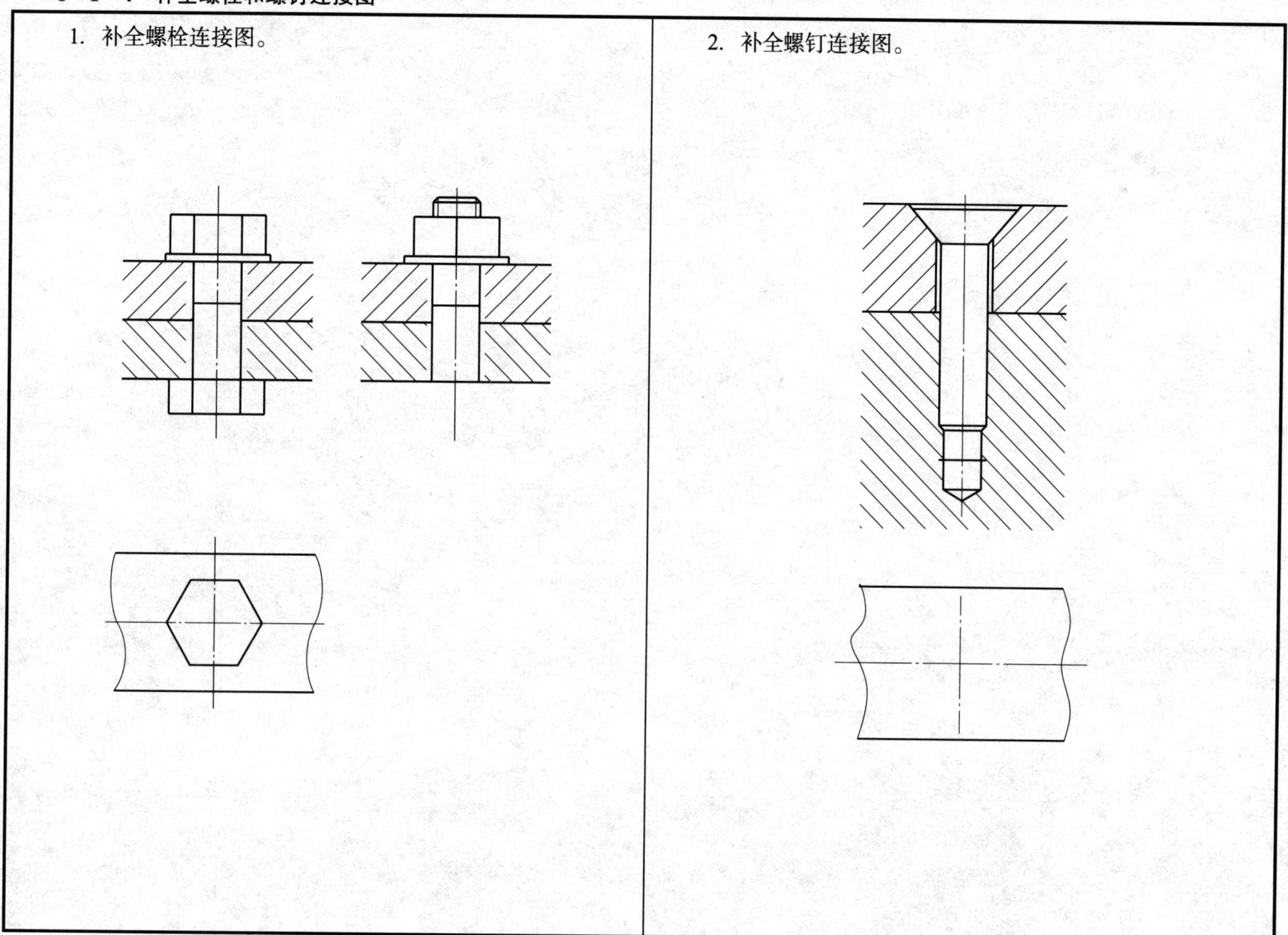

8—1—5　键及其连接（已知轴和孔用 A 型普通平键连接，键的标记为“键 6×6×28 GB/T 1096—2003”）

1. 查表获得有关尺寸，完成轴上键槽的视图。

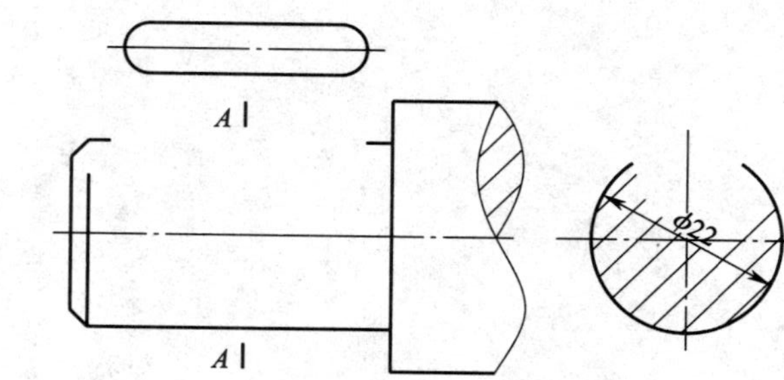

2. 查表获得有关尺寸，完成孔上键槽的视图。

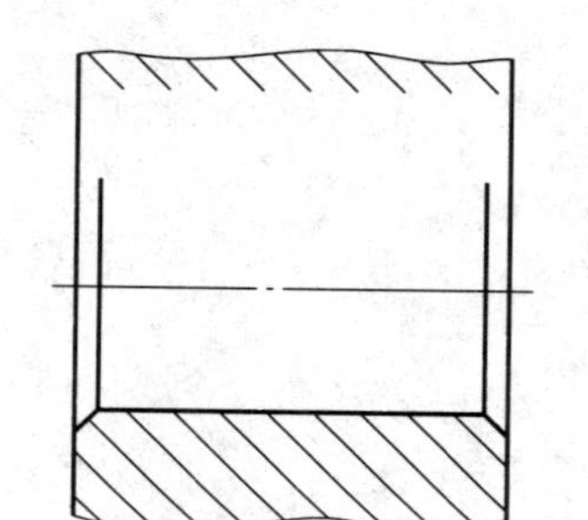

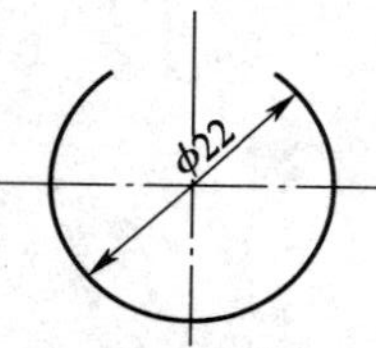

3. 完成键连接图。

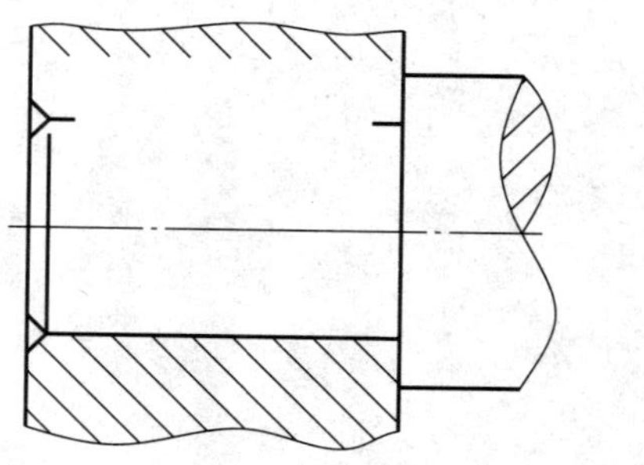

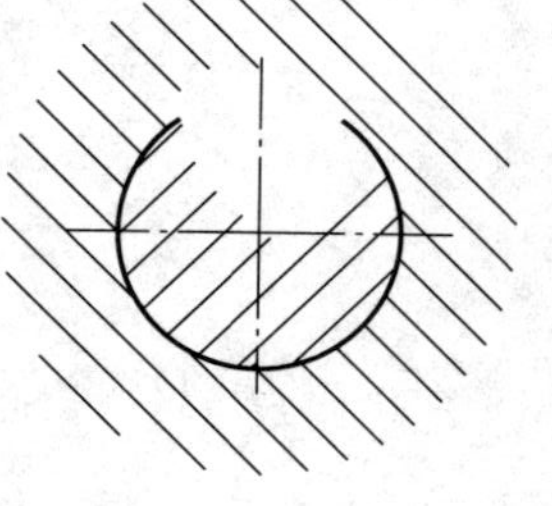

8-1-3 键及其连接（已知齿轮和轴用A型普通平键连接，键的标记为"键6×6×28 GB/T 1096—2003"）

1. 查表获得有关尺寸，完成轴上键槽的视图。

2. 查表获得有关尺寸，完成齿轮上键槽的断面图。

3. 完成键连接图。

8—1—6　完成销连接图

1. 已知圆柱销的标记为“销 GB/T 119.2—2000 6×16”，完成其连接图。

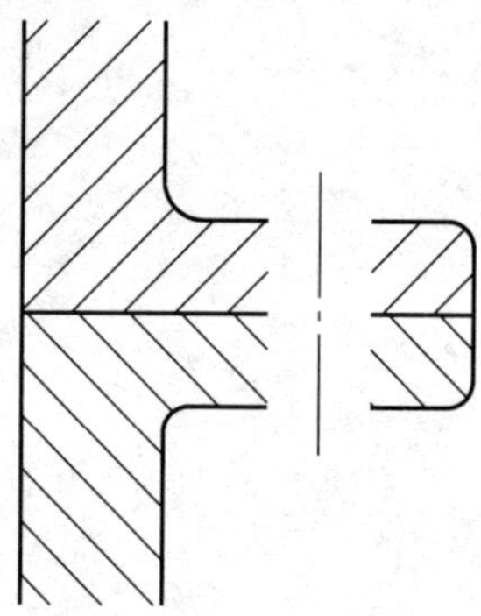

2. 已知圆锥销的标记为“销 GB/T 117—2000 6×30”，完成其连接图。

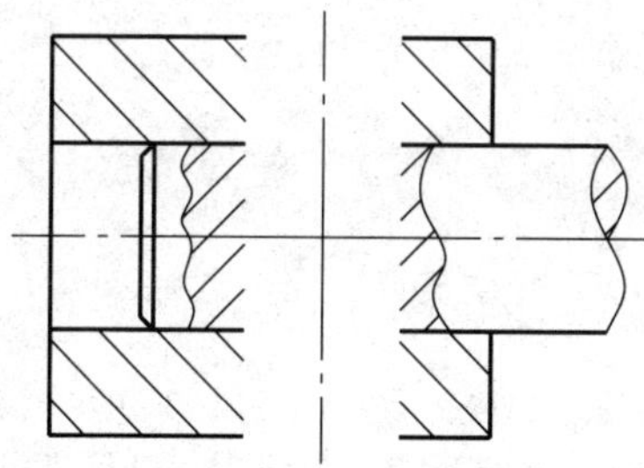

8—1—7　绘制轴承的视图（CAD：用拉伸、旋转等命令绘制轴承的三维图）

1. 已知滚动轴承的标记为“滚动轴承 6207 GB/T 276—1994”，用通用画法绘制该轴承。

2. 已知滚动轴承的标记为“滚动轴承 30206 GB/T 297—1994”，用特征画法绘制该轴承。

3. 已知滚动轴承的标记为“滚动轴承 51208 GB/T 301—1995”，用规定画法绘制该轴承。

8—2—1 已知直齿圆柱齿轮的模数为 3 mm，齿数为 32，计算齿轮的有关尺寸，完成齿轮的两视图（CAD：用阵列、拉长等命令绘制齿轮的三维图）

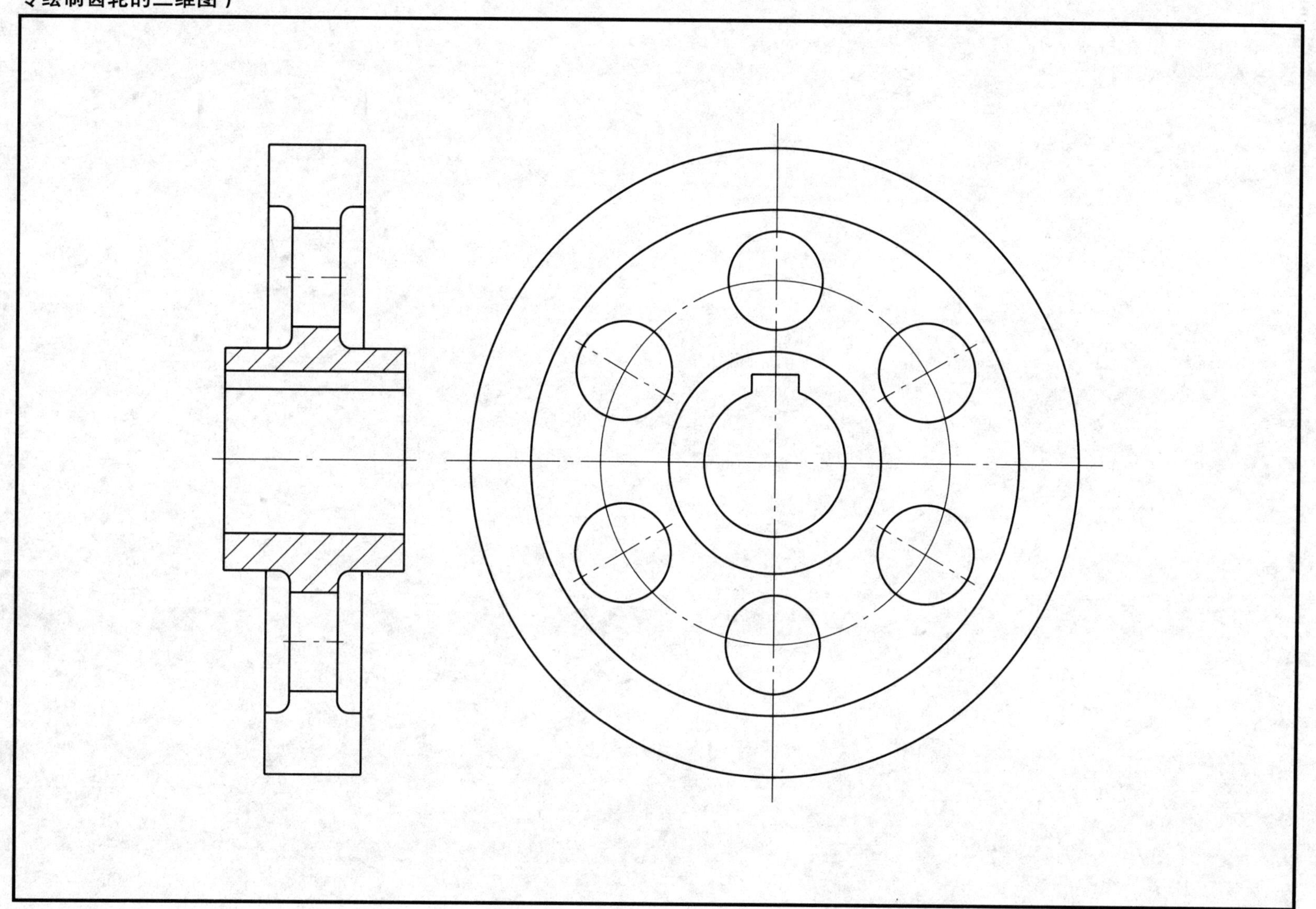

班级　　　　姓名　　　　学号

8-2-3 已知直齿圆柱齿轮的模数为3mm，齿数为32，计算齿轮的有关尺寸，完成齿轮的两视图（CAD：用阵列、拉长等命令绘制齿轮的三维图）

8—2—2　补画齿轮的啮合图（m= 4 mm，z_1=30，z_2=18，绘图比例 1 : 2）（CAD：用阵列、拉长等命令绘制齿轮的三维图）

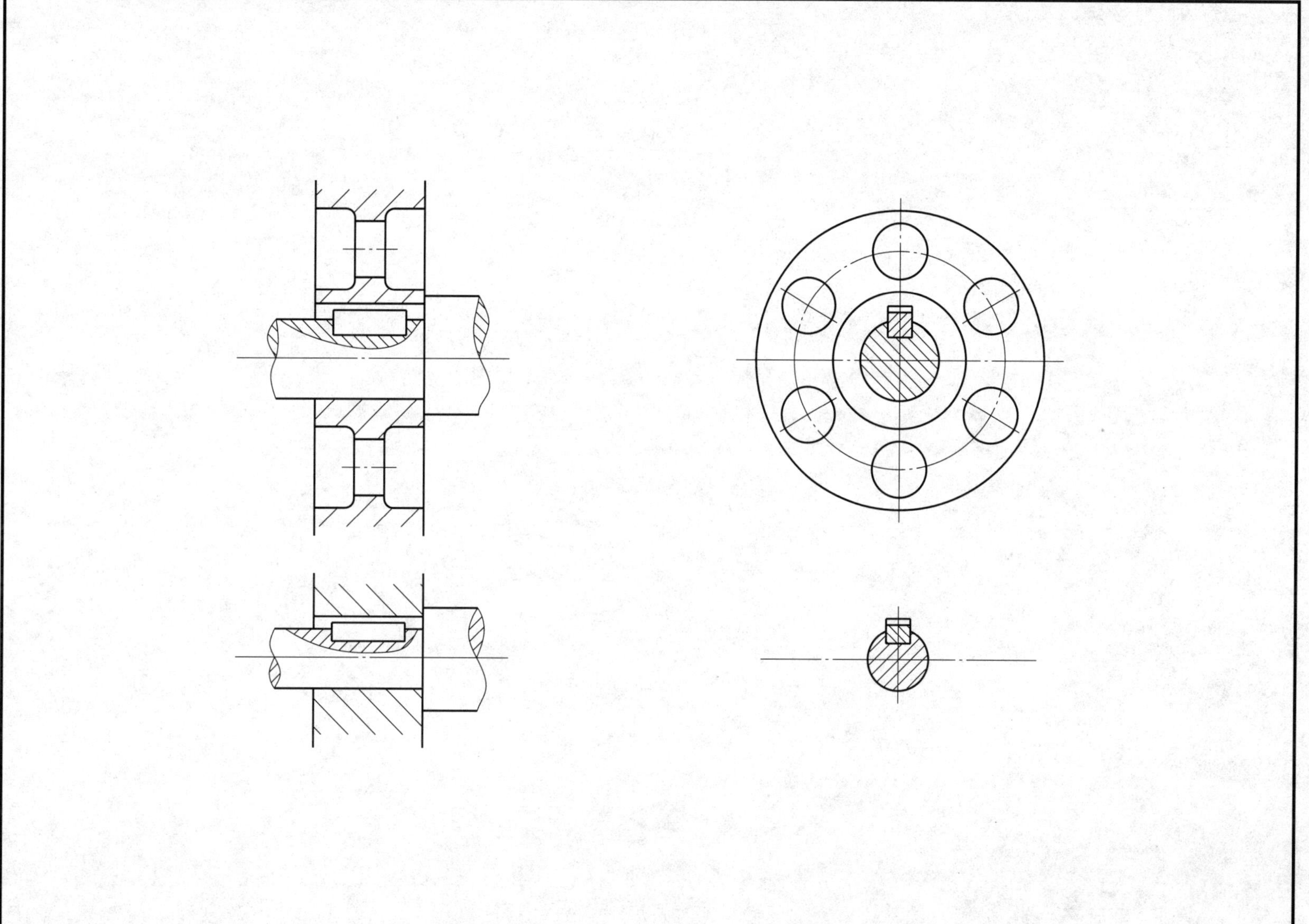

模块九　识读与绘制零件图

9—1—1　识读图样中的尺寸公差与配合代号，并填空（**CAD**：创建合适的标注样式，在提供的 **CAD** 图中标注尺寸公差与配合代号）

1.

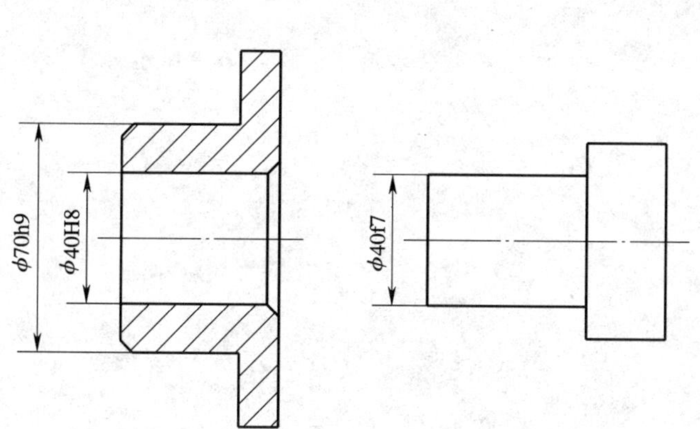

（1）ϕ 40f7 的公称尺寸为____，上极限尺寸为____，下极限尺寸为____，上极限偏差为____，下极限偏差为____，公差为____。

（2）ϕ 40H8 的公称尺寸为____，上极限尺寸为____，下极限尺寸为____，上极限偏差为____，下极限偏差为____，公差为____。

（3）ϕ 70h9 的公称尺寸为____，上极限尺寸为____，下极限尺寸为____，上极限偏差为____，下极限偏差为____，公差为____。

2.

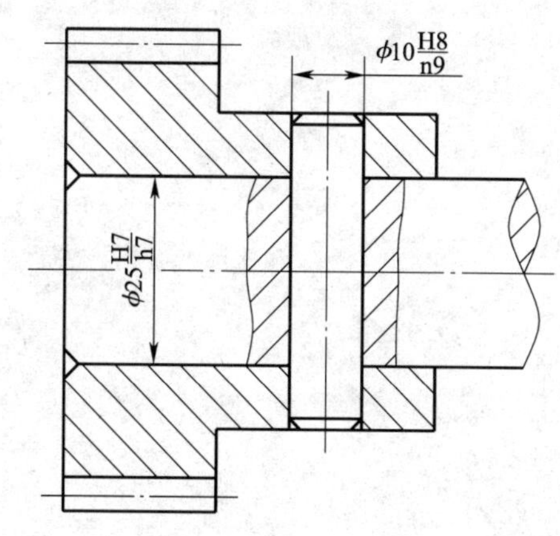

（1）ϕ 25H7/h7 表示公称尺寸为_____，孔的公差等级为______，孔的公差带代号为____，轴的公差带代号为____，该配合属于______配合（间隙、过渡、过盈）。

（2）ϕ 10H8/n9 表示公称尺寸为_____，公差带代号为______的孔与公差带代号为_____的轴的配合，该配合属于______配合（间隙、过渡、过盈）。

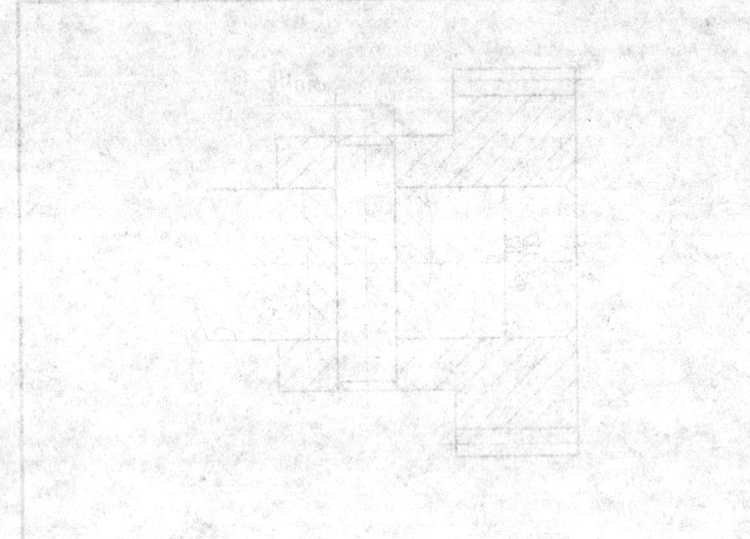

9—1—2　识读图中的表面结构代号（**CAD**：创建带属性的块，在提供的 **CAD** 图中标注表面结构代号）

1.

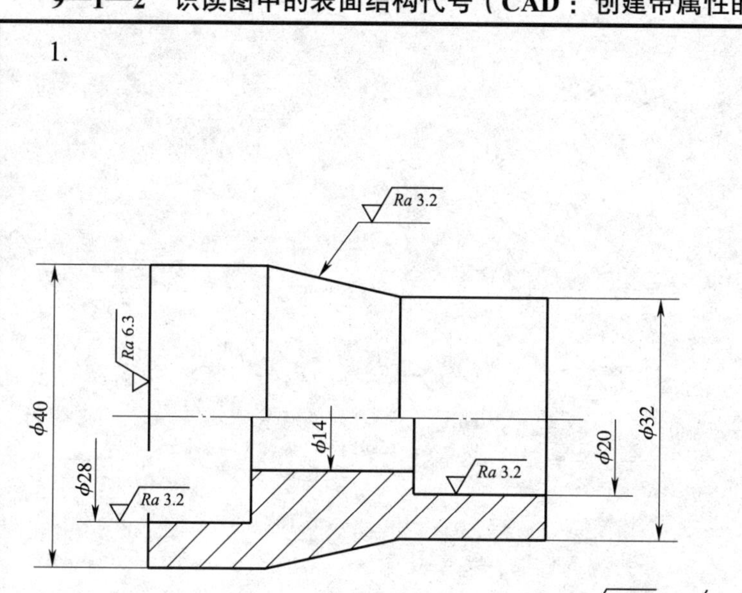

表面名称	ϕ28 孔	ϕ20 孔	零件左端面	零件右端面
表面结构代号				

表面名称	圆锥面	ϕ14 孔	ϕ40 圆柱面	ϕ32 圆柱面
表面结构代号				

2.

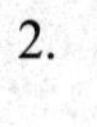

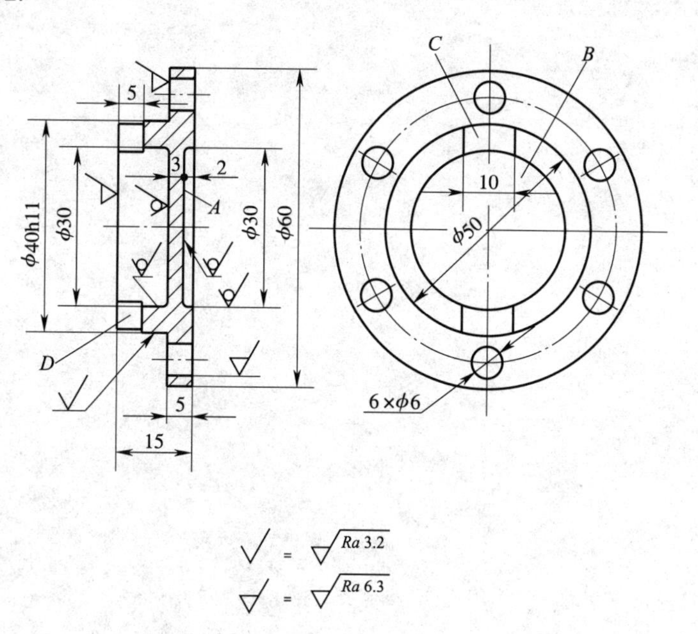

表面名称	ϕ30 孔	6×ϕ6 孔	零件左端面	零件右端面
表面结构代号				

表面名称	*A* 面	*B* 面	*C* 面	*D* 面
表面结构代号				

9—1—3　识读图中的几何公差代号（CAD：创建带属性的块，在提供的 CAD 图中标注几何公差代号）

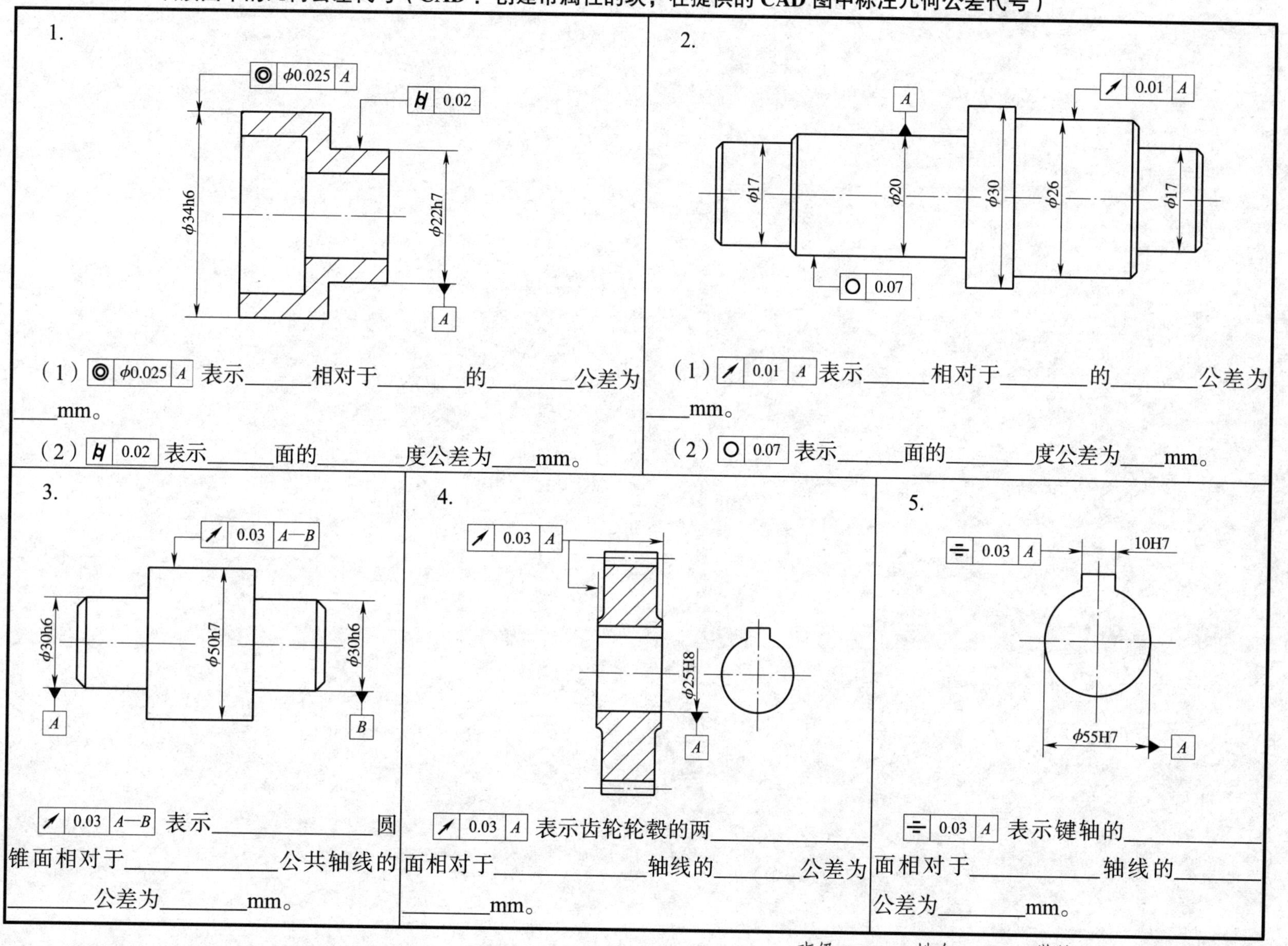

9—1—4　识读电容器支架的零件图（CAD：用旋转、拉伸、布尔运算等命令绘制三维图）

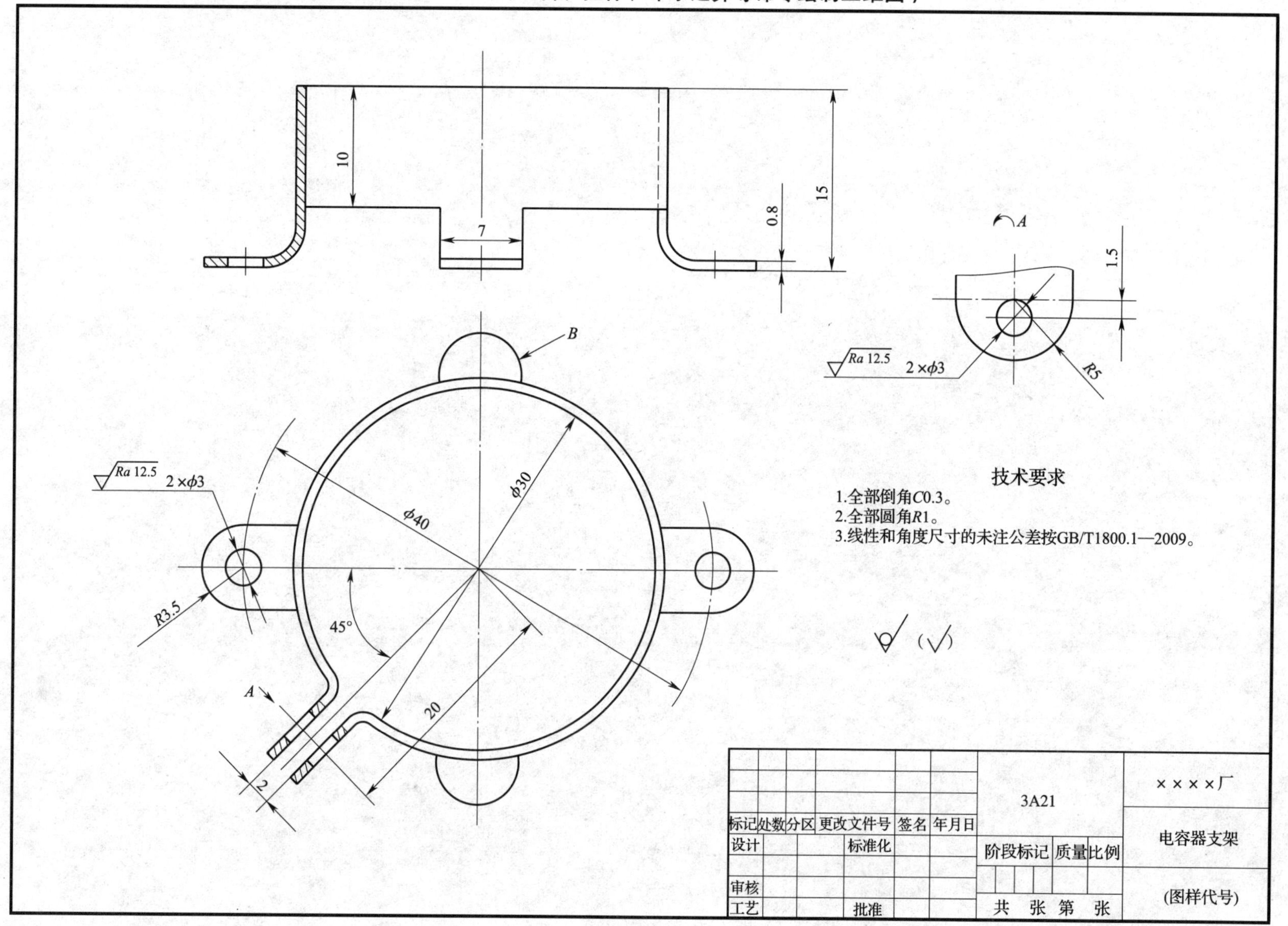

9—1—4（续）

识读电容器支架的零件图，回答下列问题：

（1）该零件采用了＿＿＿＿＿＿、＿＿＿＿＿＿和＿＿＿＿＿＿三个视图表达其形状结构，其中主视图采用＿＿＿＿＿＿剖视，俯视图采用＿＿剖视。

（2）"↶A"中的符号↶表示＿＿＿＿＿。

（3）该零件的板厚为＿＿＿＿＿mm，该零件上共有＿＿＿＿＿个 $\phi 3$ 的孔。

（4）底座上的两个小孔的直径为＿＿＿＿＿mm，定位尺寸为＿＿＿＿＿mm。

（5）斜耳上 $\phi 3$ 孔的定位尺寸为＿＿＿＿＿mm，其轴线离顶面＿＿＿＿＿mm。

（6）底座上小孔的表面粗糙度为＿＿＿＿＿，$\phi 30$ 内圆柱面的表面粗糙度为＿＿＿＿＿。

（7）*B* 指引处圆弧的半径为＿＿＿＿＿mm。

（8）图中的线性尺寸和角度尺寸均未注出公差，其尺寸应按＿＿＿＿＿＿＿＿＿＿＿＿＿＿＿＿＿＿＿＿控制。

（9）斜耳上的 *R*5 圆弧的圆心距离小圆的圆心＿＿＿＿＿mm。

9—1—5　识读主轴零件图（CAD：用旋转、拉伸、布尔运算等命令绘制三维图）

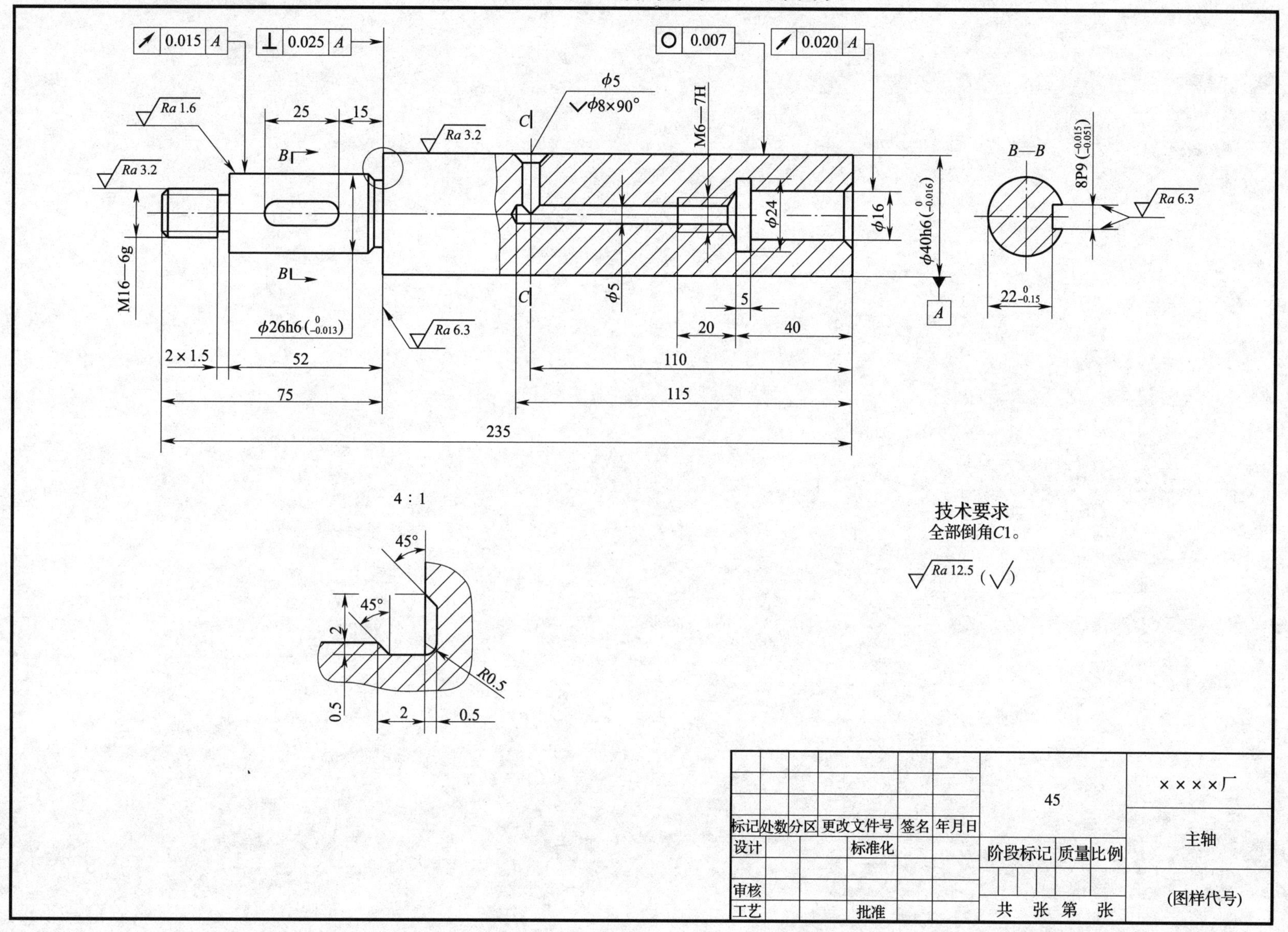

标记	处数	分区	更改文件号	签名	年月日	45	××××厂
设计			标准化			阶段标记 质量 比例	主轴
审核							
工艺			批准			共　张　第　张	(图样代号)

班级　　　　姓名　　　　学号

9—1—5（续）

看懂主轴零件图，并回答下列问题：

（1）该零件采用了三个视图表达其形状结构，它们分别是__________、__________和__________。

（2）零件中尺寸为 $\phi 40$ 段的长度为__________mm，表面粗糙度为__________。

（3）轴上键槽的长度为________mm，宽度为________mm。

（4）径向沉孔的定位尺寸为________mm，键槽的定位尺寸为________mm。

（5）$\phi 40h6(^{0}_{-0.016})$的上极限尺寸为________mm，下极限尺寸为________mm。

（6）$\phi 26h6$ 圆柱面的几何公差要求为________，它的基准要素是________，公差项目为________，公差值为________。

（7）| ⊥ | 0.025 | *A* | 的被测要素是________，基准要素是________，公差项目为________，公差值为________。

（8）画出 *C*—*C* 断面图。

9—2—1 根据泵轴的立体图绘制其零件图（CAD：灵活运用各种绘图与编辑命令绘制零件图）

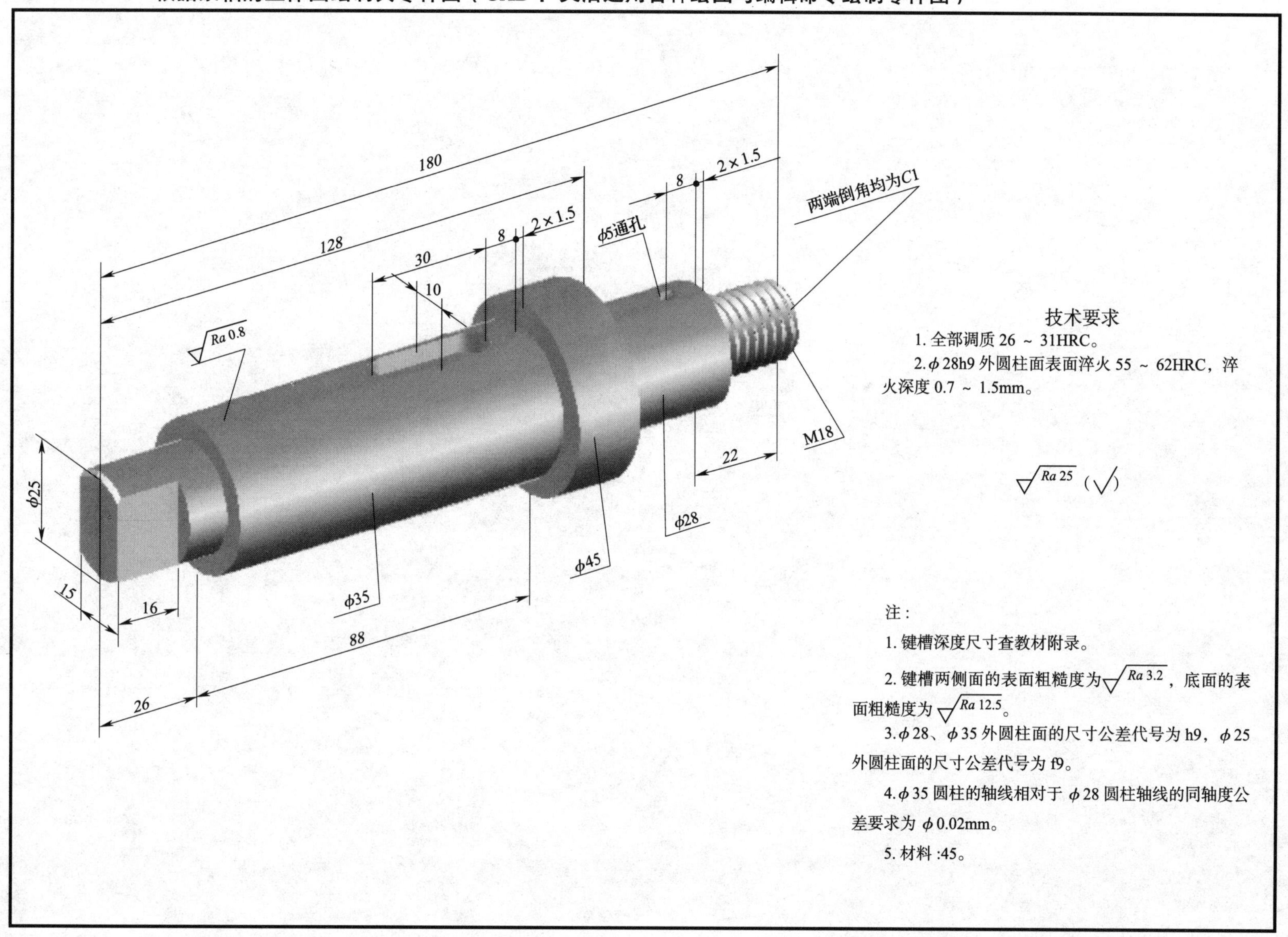

技术要求

1. 全部调质 26 ~ 31HRC。

2. ϕ 28h9 外圆柱面表面淬火 55 ~ 62HRC，淬火深度 0.7 ~ 1.5mm。

注：

1. 键槽深度尺寸查教材附录。

2. 键槽两侧面的表面粗糙度为 Ra 3.2，底面的表面粗糙度为 Ra 12.5。

3. ϕ 28、ϕ 35 外圆柱面的尺寸公差代号为 h9，ϕ 25 外圆柱面的尺寸公差代号为 f9。

4. ϕ 35 圆柱的轴线相对于 ϕ 28 圆柱轴线的同轴度公差要求为 ϕ 0.02mm。

5. 材料 :45。

模块十　识读与绘制装配图

10—1—1　识读定位器装配图（CAD：绘制定位器立体装配图、分解图）

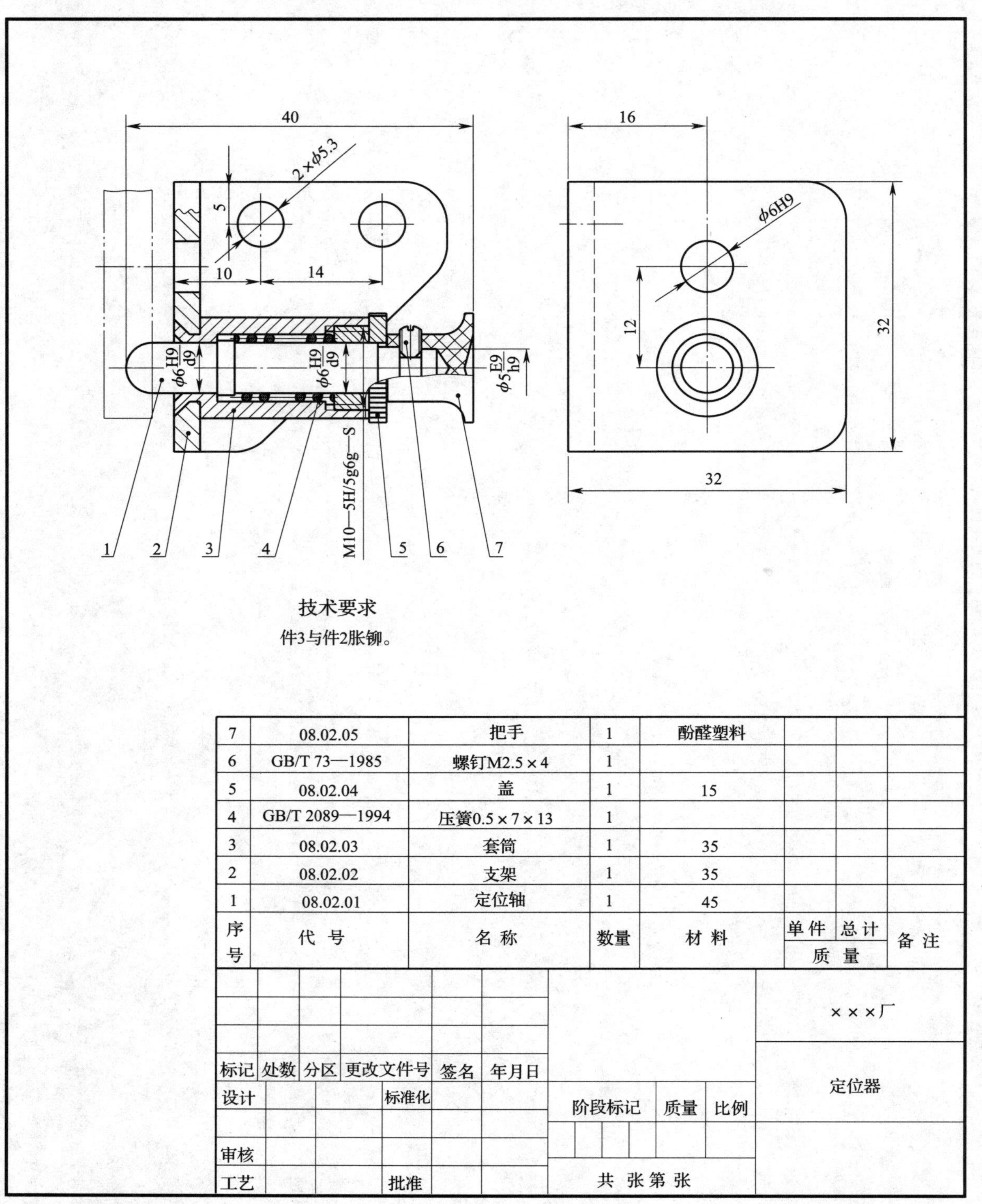

技术要求

件3与件2胀铆。

序号	代　号	名 称	数量	材 料	单件 质量	总计 质量	备 注
7	08.02.05	把手	1	酚醛塑料			
6	GB/T 73—1985	螺钉M2.5×4	1				
5	08.02.04	盖	1	15			
4	GB/T 2089—1994	压簧0.5×7×13	1				
3	08.02.03	套筒	1	35			
2	08.02.02	支架	1	35			
1	08.02.01	定位轴	1	45			

标记	处数	分区	更改文件号	签名	年月日		×××厂
设计			标准化			阶段标记　质量　比例	定位器
审核							
工艺			批准			共　张第　张	

定位器工作原理：定位器安装在电子仪器箱体上，图中 2×ϕ5.3 孔是该装配体的安装孔。工作时，定位轴 1 的半圆球端插入需要变换位置的定位板（图中用细双点画线表示）中，需换位时，可将把手 7 向外（右）拉出，定位板转位后再松开把手 7，在压簧 4 的作用下，使定位轴 1 的半圆球端再插入定位板的另一个定位孔中。

识读定位器装配图，并回答问题：

（1）该装配图共采用了 ______ 个视图表达其结构，它们分别是 _____ 视图和 _____ 视图；该装配图的主视图采用 ______ 剖视。

（2）零件 1 上不画剖面符号的原因是 ________________。

（3）该装配图所示位置定位板 __________（能，不能）变换位置。

（4）套筒和支架之间是用 ______ 连接的，零件 1 和零件 7 是用 ______ 连接的。

（5）压簧被压在零件 _____ 和零件 _____ 之间。

（6）ϕ5.3 孔有 _____ 个，其作用是 ______，其定位尺寸是 ______、______ 和 ______。在装配图中该孔的定形、定位尺寸统称为 _____ 尺寸。

（7）该装配图的总长为 ______，总宽为 ______，总高为 ______。

（8）主视图左端 ϕ6H9/d9 是 _____ 尺寸，它表示零件 _____ 和零件 _____ 之间的配合，该配合属于 _____（间隙、过渡、过盈）配合。

（9）在零件 _____ 和零件 _____ 上加工了螺纹。

（10）在该装配图中弹簧是怎样表达的？

（11）拆画零件 3 的视图（尺寸从图中量取）。

10—1—2　识读发信器的装配图（CAD：由教师指导学生分工合作绘制发信器立体装配图、立体分解图）

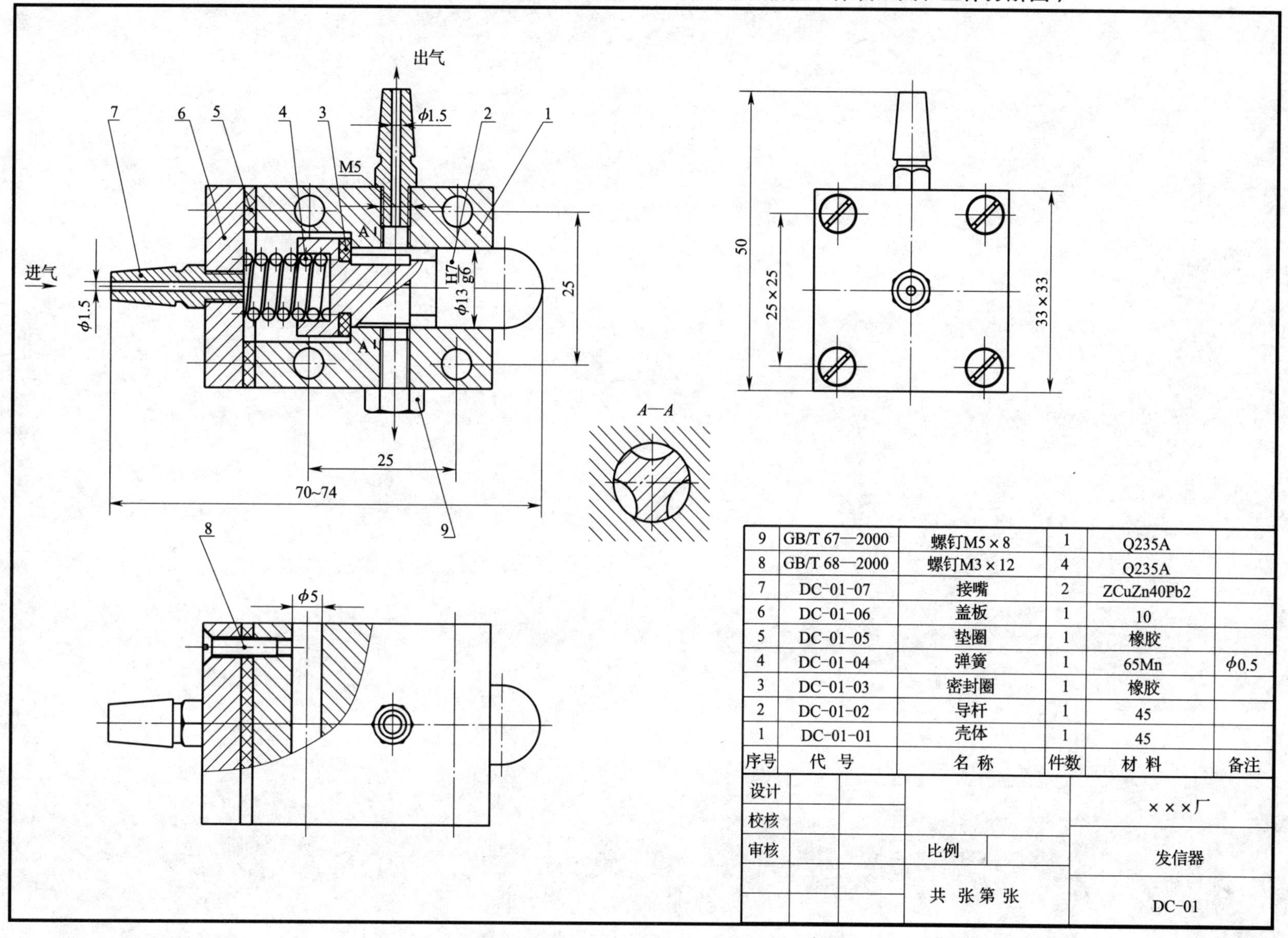

9	GB/T 67—2000	螺钉M5×8	1	Q235A	
8	GB/T 68—2000	螺钉M3×12	4	Q235A	
7	DC-01-07	接嘴	2	ZCuZn40Pb2	
6	DC-01-06	盖板	1	10	
5	DC-01-05	垫圈	1	橡胶	
4	DC-01-04	弹簧	1	65Mn	φ0.5
3	DC-01-03	密封圈	1	橡胶	
2	DC-01-02	导杆	1	45	
1	DC-01-01	壳体	1	45	
序号	代　号	名　称	件数	材　料	备注

设计				×××厂
校核				
审核		比例		发信器
		共　张第　张		DC-01

发信器工作原理：当导杆 2 受外力左移时，密封圈 3 随之左移，则由左侧进气嘴进入的气体可以从上方的出气口排出，即可发出信号，反之无信号。旋下螺钉 9，安上接嘴可接通两个信号。

识读发信器装配图，并回答问题：

（1）该装配图共采用了 ______ 个视图表达其结构，分别是 ______ 视图、______ 视图和 ______ 视图；*A*—*A* 是 __________ 图。

（2）零件 2 右部未剖的原因是 ________________________________。

（3）零件 3 是怎样与零件 2 连接在一起的？

（4）出气嘴的件号是 ______。

（5）该装配图所示位置能否发出信号？

（6）该装配体的安装尺寸有 3 个，它们分别是 ______、______ 和 ______。

（7）配合尺寸 ϕ13H7/g6 是指 ________ 和 ________ 之间的配合，该配合属于 ________（间隙、过渡、过盈）配合。

（8）该装配体的总长是 _________，总宽是 ______，总高是 ______。

（9）零件 6 用 __________ 连接在零件 1 上。进气嘴用 __________ 连接在零件 6 上。

（10）在该装配图中弹簧是怎样表达的？

（11）画出零件 2 的视图（尺寸从图中量取）。

10—2—1 画 G1/2 阀装配图，图幅、比例自定（CAD：用图块插入法或图形插入法绘制 G1/2 阀二维装配图）

说明：

G1/2 阀是用来控制管道中流体流量大小的开关。立体装配示意图所示为开启位置，当阀杆旋转 90° 后为关闭位置。为防止泄漏，阀杆与阀体之间放入填料（石棉线），并用压盖压紧。

技术要求：

装配后，阀杆应能灵活转动。

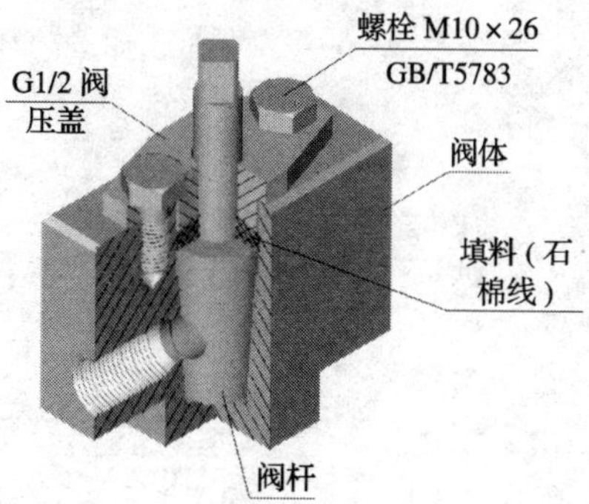

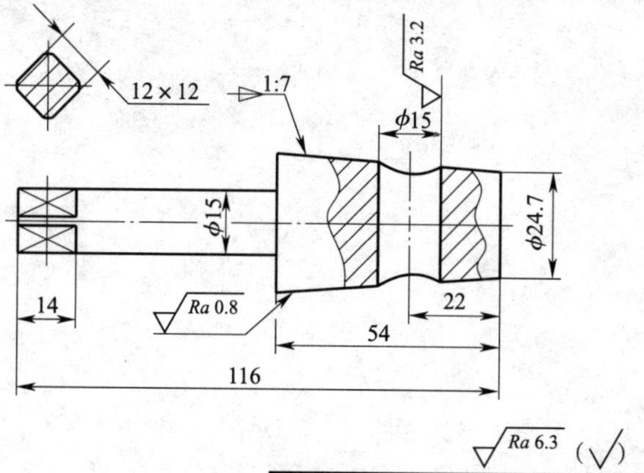

2	阀杆	1	45	

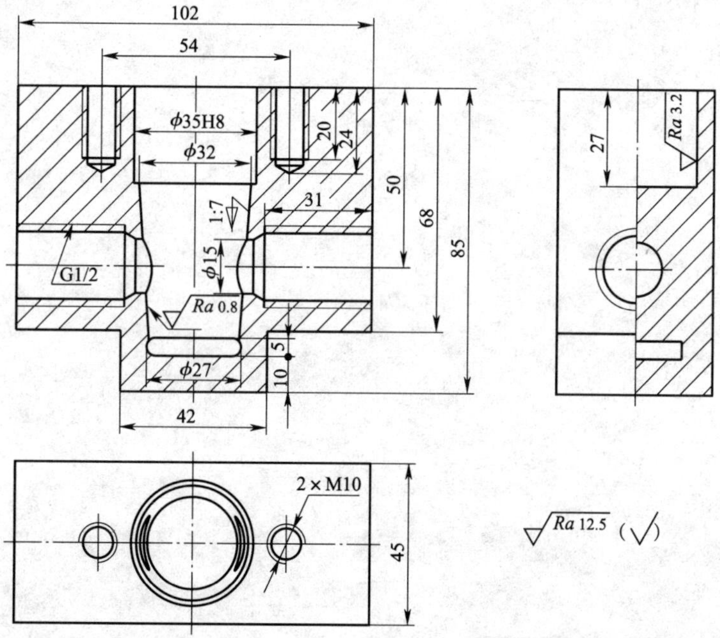

1	阀体	1	45	

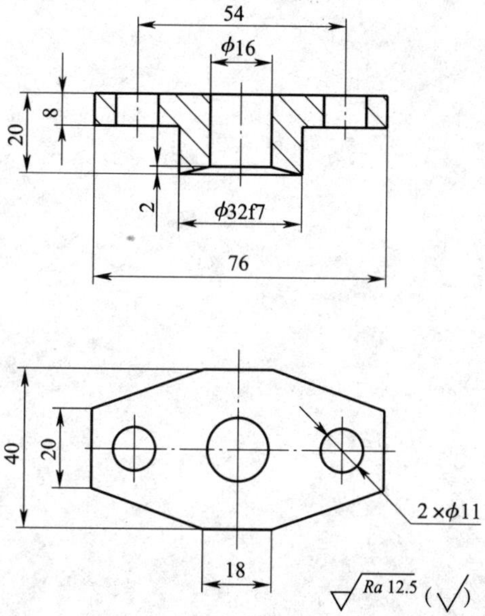

3	压盖	1	Q235	

班级　　　姓名　　　学号